电网企业员工安全等级培训系列教材

第二版

线路架设

国网浙江省电力有限公司　组编

中国电力出版社
CHINA ELECTRIC POWER PRESS

内 容 提 要

本书是“电网企业员工安全等级培训系列教材（第二版）”中的《线路架设》分册，全书共七章，包括基本安全要求、保证安全的组织措施和技术措施、施工安全风险管理、隐患排查治理、施工现场的安全设施、典型违章举例与事故案例分析、班组安全管理等内容。

本书是电网企业员工安全等级培训线路架设专业的专用教材，可作为线路架设岗位人员安全培训的辅助教材，宜采用《公共安全知识》分册加本专业分册配套使用的形式开展学习培训。

本书可供从事线路架设工作的专业技术人员和新员工安全等级培训使用。

图书在版编目（CIP）数据

线路架设 / 国网浙江省电力有限公司组编. —2 版. —北京：中国电力出版社，2022.1
(2023.6重印)
电网企业员工安全等级培训系列教材
ISBN 978-7-5198-6476-7

Ⅰ. ①线… Ⅱ. ①国… Ⅲ. ①输电线路–架设–技术培训–教材 Ⅳ. ①TM726

中国版本图书馆 CIP 数据核字（2022）第 016925 号

出版发行：中国电力出版社
地　　址：北京市东城区北京站西街 19 号（邮政编码 100005）
网　　址：http://www.cepp.sgcc.com.cn
责任编辑：刘丽平　张冉昕
责任校对：黄　蓓　郝军燕
装帧设计：赵姗姗
责任印制：石　雷

印　　刷：廊坊市文峰档案印务有限公司
版　　次：2016 年 6 月第一版　2022 年 1 月第二版
印　　次：2023 年 6 月北京第四次印刷
开　　本：710 毫米×1000 毫米　16 开本
印　　张：16
字　　数：257 千字
印　　数：4001—5000 册
定　　价：80.00 元

编写委员会

本册编写人员

尹勋祥　俞喆东　吕子成　黄旭骏　刘立桥　倪相生　刘　卉

前 言

为贯彻落实国家安全生产法律法规（特别是新《安全生产法》）和国家电网公司关于安全生产的有关规定，适应安全教育培训工作的新形势和新要求，进一步提高电网企业生产岗位人员的安全技术水平，推进生产岗位人员安全等级培训和认证工作，国网浙江省电力有限公司在 2016 年出版的“电网企业员工安全技术等级培训系列教材”的基础上组织修编，形成“电网企业员工安全等级培训系列教材（第二版）”。

“电网企业员工安全等级培训系列教材（第二版）”包括《公共安全知识》分册和《变电检修》《电气试验》《变电运维》《输电线路》《输电线路带电作业》《继电保护》《电网调控》《自动化》《电力通信》《配电运检》《电力电缆》《配电带电作业》《电力营销》《变电一次安装》《变电二次安装》《线路架设》等专业分册。《公共安全知识》分册内容包括安全生产法律法规知识、安全生产管理知识、现场作业安全、作业工器（机）具知识、通用安全知识等五个部分；各专业分册包括相应专业的基本安全要求、保证安全的组织措施和技术措施、作业项目安全风险管控、隐患排查治理、生产现场的安全设施、典型违章举例与事故案例分析、班组安全管理七个部分。

本系列教材为电网企业员工安全等级培训专用教材，也可作为生产岗位人员安全培训辅助教材，宜采用《公共安全知识》分册加专业分册配套使用的形式开展学习培训。

鉴于编者水平所限，不足之处在所难免，敬请读者批评指正。

编 者

2022 年 1 月

目 录

第一章

基本安全要求

第一节　一般安全要求

一、分部分项工程开始作业条件

（1）分部分项工程相关的施工项目经理、项目总工程师、技术员、安全员、施工负责人、工作负责人、监理人员、特种作业人员、特种设备作业人员及其他作业人员应经安全培训合格并履行到岗到位职责。

（2）开工前，应编制完成工程安全管理及风险控制策划性文件。

（3）相关机械、工器具应经检验合格，通过进场检查，安全防护设施及防护用品配置齐全、有效。

（4）有施工分包的，施工承包单位应与分包单位签订合同和安全协议。

（5）施工方案（含安全技术措施）编制完成并交底。

二、作业人员的基本安全要求

（1）作业人员应身体健康，无妨碍工作的病症，体格检查至少两年一次。

（2）应经相应的安全生产教育和岗位技能培训、考试合格，掌握本岗位所需的安全生产知识、安全作业技能和紧急救护法。

（3）应接受 Q/GDW 11957.2—2020《国家电网有限公司电力建设安全工作规程　第 2 部分：线路》（以下简称《电建安规》）的培训，按工作性质掌握相应内容并经考试合格，每年至少考试一次。

（4）特种作业人员、特种设备操作人员应按照国家有关规定，取得相应资格，并按期复审，定期体检。

（5）进入现场的其他人员（供应商、实习人员等）应经过安全生产知识教育后，方可进入现场参加指定的工作，并且不得单独工作。

（6）涉及新技术、新工艺、新流程、新装备、新材料的项目人员，应进行专门的安全生产教育和培训。

（7）作业人员应被告知其作业现场和工作岗位存在的危险因素、防范措施及事故应急措施。

（8）作业人员应严格遵守现场安全作业规章制度和作业规程，服从管理，正确使用安全工器具和个人安全防护用品。

（9）作业人员发现安全隐患应妥善处理或向上级报告；发现直接危及人身、电网和设备安全的紧急情况时，应立即停止作业或在采取必要的应急措施后撤离危险区域。

三、施工现场的基本安全要求

1. 一般规定

（1）施工总平面布置应符合国家消防、环境保护、职业健康等有关规定。

（2）进入施工现场的人员应正确佩戴安全帽，根据作业工种或场所需要选配个体防护装备。施工作业人员不得穿拖鞋、凉鞋、高跟鞋，以及短袖上衣、短裤、裙子等进入施工现场。不得酒后进入施工现场。与施工无关的人员未经允许不得进入施工现场。

（3）施工现场应按规定配置和使用施工安全设施。设置的各种安全设施不得擅自拆、挪或移作他用。如确因施工需要，应征得该设施管理单位同意，并办理相关手续，采取相应的临时安全措施，事后应及时恢复。

（4）施工现场及周围的悬崖、陡坎、深坑、高压带电区等危险场所均应设可靠的防护设施及安全标志；坑、沟、孔洞等均应铺设符合安全要求的盖板或设可靠的围栏、挡板及安全标志。危险场所夜间应设警示灯。

（5）施工现场应编制现场应急处置方案，并定期组织开展应急演练；配备应急医疗用品等应急救援器材，施工车辆宜配备医药箱，并定期检查其有效期限，及时更换补充。

（6）林区、草地施工现场不得吸烟及使用明火。

2. 材料及器材的存放和管理

（1）材料站应选择交通便利、安全可靠、满足放置材料和机械设备等要求的场地，并按使用性质分区明确。材料、设备应按平面布置的规定存放，并应符合消防及防汛等灾害防范的有关规定。

（2）器材堆放应遵守下列规定：

1）器材堆放整齐稳固。长、大件器材的堆放有防倾倒措施。

2）器材距普通铁路轨道最小距离不得小于 2.5m。

3）袋装水泥堆放的地面应垫平，架空垫起不小于 0.3m，堆放高度不宜超过 12 包；临时露天堆放时，应用防雨篷布遮盖。

4）圆木和毛竹堆放的两侧应设立柱，堆放高度不超过 2m，并有防止滚落的措施。

5）钢管堆放的两侧应设立柱，堆放高度不宜超过 1m。

6）钢筋混凝土电杆堆放的地面应平整、坚实，杆段下方应设支垫，两侧应掩牢，堆放高度不得超过 3 层。

7）线盘放置的地面应平整、坚实，滚动方向前后均应掩牢。

8）绝缘子应包装完好，堆放高度不宜超过 2m。

（3）临时库房的设立或建造应遵守下列规定：

1）临时库房与建筑物及易燃材料堆物的防火间距应符合表 1－1 的规定。

表 1－1　　临时库房与建筑物及易燃材料堆物的防火间距　　单位 m

名称距离	永久性建筑	临时仓库	木料堆、木工房	易燃物仓库（油料库）
永久性建筑	—	15	25	20
临时仓库	15	6	15	15
木料堆、木工房	25	15	2（垛间）	25
易燃物仓库（油料库）	20	15	25	20

2）结构应坚固、可靠。根据存放物品的特性，应采用相应的耐火等级材料建造，并配备适用的消防器材。

3）易燃、易爆及有毒有害物品存储应符合国家及行业相关标准要求，危险品仓库的库门应向外开，开关、插座应安装在库房外，按有关规定严格管理。汽油、酒精、油漆及稀释剂等挥发性易燃材料应密封存放，悬挂相应安全标志。

4）不宜建在电力线下方。如需在 110kV 及以下电力线下方建造时，应经线路运行单位同意。屋顶采用耐火材料。临时库房与电力线导线之间的垂直距离，在导线最大计算弧垂情况下不小于表 1－2 的规定。

表 1－2　　临时库房与电力线导线之间最小垂直距离

线路电压（kV）	1～10	35	66～110
最小垂直距离（m）	3	4	5

（4）氧气瓶的存放和保管应遵守下列规定：

1）存放处周围 10m 内不得有明火，不得与易燃易爆物品同间存放。

2）不得与乙炔气瓶混放在一起。

3）不得靠近热源或在烈日下曝晒。

4）气瓶和瓶阀不得沾染油脂。

5）应有瓶帽和两个防震圈。

6）瓶帽应拧紧，气阀应朝向一侧。

7）卧放时不宜超过 5 层，两侧应设立桩，立放时应有支架固定。

8）存放间应设专人管理，并在醒目处设置“严禁烟火”的标志。

（5）乙炔气瓶的存放和保管应遵守下列规定：

1）施工队、同一作业点的存放量一般不超过 5 瓶。超过 5 瓶但不超过 20 瓶时，应用非燃烧墙体隔成单独的存放间并有一面靠外墙。

2）存放间与明火或散发火花点距离不得小于 10m。

3）存放间不得设在地下室或半地下室内。

4）存放间应通风良好，不受阳光直射，远离高温热源。其附近应设有干粉或二氧化碳灭火器，但不得使用四氯化碳灭火器。

5）不得与氧气瓶及易燃易爆物品同间存放。

6）瓶帽应拧紧，并应有两个防震圈。

7）应直立放置，不得卧放，并有防止倾倒的措施。

8）存放间应设专人管理，并在醒目处设置“乙炔危险、严禁烟火！”的标志。

（6）有毒有害物品的存放和保管应遵守下列规定：

1）容器应密封。

2）库房空气应流通，并有专人管理。

3）醒目处应设置“有毒有害”的标志。

（7）汽油、柴油等挥发性物品的存放和保管应遵守下列规定：

1）应存放在专用区域内，容器应密封。

2）附近不得有易燃易爆物品。

3）不得靠近火源或在烈日下曝晒。

4）醒目处应设置“严禁烟火”的标志。

3. 施工用电

（1）一般规定。

1）施工用电方案应编入项目管理实施规划或编制专项方案，其布设要求应符合 GB 50194—2014《建设工程施工现场供用电安全规范》及 JGJ 46—2005《施工现场临时用电安全技术规程》的有关规定。

2）施工用电设施应按批准的方案进行施工，竣工后应经验收合格方可投入使用。

3）施工用电设施安装、运行、维护应由专业电工负责，并应建立安装、运行、维护、拆除作业记录台账。

4）施工用电工程应定期检查，对安全隐患应及时处理，并履行复查验收手续。

5）当施工现场与外电线路共用同一供电系统时，电气设备的接地、接零保护应与原系统保持一致。不得一部分设备做保护接零，另一部分做保护接地。

6）施工用电工程的 380V/220V 低压系统应采用三级配电、二级剩余电流动作保护系统（漏电保护系统）。当施工现场设有专供施工用电的低压侧为 220V/380V 中性点直接接地的变压器时，其低压配电系统的接地型式宜采用 TN－S 系统。

（2）发电机组要求。

1）供电系统接地型式和接地电阻应与施工现场原有供用电系统保持一致。

2）发电机组不得设在基坑里。

3）发电机组应配置可用于扑灭电气火灾的灭火器，不得存放易燃易爆物品。

4）发电机组应采用电源中性点直接接地的三相四线制供电系统，宜采用 TN－S 系统。

5）发电机供电系统应设置可视断路器或电源隔离开关及短路、过载保护。电源隔离开关分断时应有明显可见分断点。

（3）配电及照明要求。

1）配电箱应根据用电负荷状态装设短路、过载保护电器和剩余电流动作保护装置（漏电保护器），并定期检查和试验。高压配电设备、线路和低压配电线路停电检修时，应装设临时接地线，并应悬挂“禁止合闸、有人工作！”或“禁止合闸、线路有人工作！”的安全标志牌。

2）高压配电装置应装设隔离开关，隔离开关分断时应有明显断开点。

3）低压配电箱的电器安装板上应分设 N 线端子板和 PE 线端子板。N 线端子板应与金属电器安装板绝缘；PE 线端子板应与金属电器安装板做电气连接。进出线中的 N 线应通过 N 线端子板连接；PE 线应通过 PE 线端子板连接。

4）配电箱设置地点应平整，不得被水淹或土埋，并应防止碰撞和被物体打击。配电箱内及附近不得堆放杂物。

5）配电箱应坚固，金属外壳接地或接零良好，其结构应具备防火、防雨的功能，箱内的配线应采取相色配线且绝缘良好，导线进出配电柜或配电箱的线段应采取固定措施，导线端头制作规范，连接应牢固。操作部位不得有带电体裸露。

6）支架上装设的配电箱应安装牢固并便于操作和维修，引下线应穿管敷设并做防水弯。

7）低压架空线路不得采用裸线，导线截面积不得小于 $16mm^2$，人员通行处架设高度不得低于 2.5m；交通要道及车辆通行处，架设高度不得低于 5m。

8）电缆线路应采用埋地或架空敷设，不得沿地面明设，并应避免机械损伤和介质腐蚀。电缆接头处应有防水和防触电的措施。

9）五芯低压电力电缆中应包含全部工作芯线和用作工作零线、保护零线的芯线。淡蓝色芯线用作工作零线（N 线）；绿/黄双色芯线用作保护零线（PE 线），不得混用。

10）用电线路及电气设备的绝缘应良好，布线应整齐，设备的裸露带电部分应加防护措施。架空线路的路径应合理选择，避开易撞、易碰以及易腐蚀场所。

11）用电设备的电源引线长度不得大于 5m，长度大于 5m 时，应设移动开关箱。移动开关箱至固定式配电箱之间的引线长度不得大于 30m，且只能用绝缘护套软电缆。

12）电气设备不得超铭牌使用，隔离型电源总开关不得带负荷拉闸。

13）开关和熔断器的容量应满足被保护设备的要求。闸刀开关应有保护罩。不得用其他金属丝代替熔丝。熔丝熔断后，应查明原因，排除故障后方可更换。更换熔丝后应装好保护罩方可送电。

14）多路电源配电箱宜采用密封式；开关及熔断器应上口接电源，下口接负荷，不得倒接；负荷应标明名称，单相开关应标明电压。

15）不同电压等级的插座与插销应选用相应的结构，不得用单相三孔插座代替三相插座。单相应标明电压等级。不得将电源线直接勾挂在闸刀上或直接插入插座内使用。

16）电动机械或电动工具应做到“一机一闸一保护”。移动式电动机械应使用绝缘护套软电缆。

17）照明线路敷设应采用绝缘槽板、穿管或固定在绝缘子上，不得接近热源或直接绑挂在金属构件上。穿墙时应套绝缘套管，管、槽内的电源线不得有接头，并经常检查、维修。

18）照明灯具的悬挂高度不应低于 2.5m，并不得任意挪动，低于 2.5m 时应设保护罩。照明灯具开关应控制相线。

19）在光线不足的作业场所及夜间作业的场所均应有足够的照明。

20）在有爆炸危险的场所及危险品仓库内，应采用防爆型电气设备，开关应装在室外。在散发大量蒸汽、气体或粉尘的场所，应采用密闭型电气设备。在坑井、沟道应备有独立的照明电源，并符合安全电压要求。

21）照明装置采用金属支架时，支架应稳固，并采取接地或接零保护。

22）行灯的电压不得超过 36V，潮湿场所、金属容器或管道内的行灯电压不得超过 12V。行灯应有保护罩，行灯电源线应使用绝缘护套软电缆。

23）行灯照明变压器应使用双绕组型安全隔离变压器，不得使用自耦变压器。

24）电动机械及照明设备拆除后，不得留有可能带电的部分。

（4）接零及接地保护要求。

1）施工用电电源采用中性点直接接地的专用变压器供电时，其低压配电系统的接地型式宜采用 TN-S 接零保护系统。采用 TN-S 系统做保护接零时，工作零线（N 线）应通过剩余电流动作保护装置（漏电保护器），保护零线（PE 线）应由电源进线零线重复接地处或剩余电流动作保护装置（漏电保护器）电源侧零线处引出，即不通过剩余电流动作保护装置（漏电保护器）。保护零线

（PE 线）上不得装设开关或熔断器，并且采取防止断线的措施。

2）保护零线（PE 线）应采用绝缘多股软铜绞线。

3）电源线、保护接零线、保护接地线应采用焊接、压接、螺栓连接或其他可靠方法连接。

4）保护零线（PE 线）应在配电系统中做重复接地。

5）对地电压在 127V 及以上的下列电气设备及设施，均应装设接地或接零保护：

a. 发电机、电动机、电焊机的金属外壳；

b. 配电盘、控制盘的外壳；

c. 电缆接头盒的外壳及电缆的金属外皮；

d. 架空线路的杆塔（木杆除外）；

e. 金属制的集装箱式办公室、休息室及工具、材料间、卫生间等。

6）不得利用易燃、易爆气体或液体管道作为接地装置的自然接地体。

7）接地装置的敷设应符合 GB 50194—2014《建设工程施工现场供用电安全规范》的规定并应符合下列基本要求：

a. 人工接地体的顶面埋设深度不宜小于 0.6m。

b. 人工垂直接地体宜采用热浸镀锌圆钢、角钢、钢管，长度宜为 2.5m；人工水平接地体宜采用热浸镀锌的扁钢或圆钢；圆钢直径不应小于 12mm；扁钢、角钢等型钢的截面积不应小于 $90mm^2$，其厚度不应小于 3mm；钢管壁厚不应小于 2mm；人工接地体不得采用螺纹钢。

（5）用电及用电设备要求。

1）用电单位应建立施工用电安全岗位责任制，明确各级用电安全责任人。

2）用电安全负责人及施工作业人员应严格执行施工用电安全施工技术措施，熟悉施工现场配电系统。

3）现场的配电箱应配锁具。

4）用电设施的绝缘电阻及接地电阻、保护零线（PE 线）导通情况等应定期检查并记录。

5）施工现场用电设备等应有专人进行维护和管理。

6）电气设备明显部位应设“禁止靠近、以防触电！”的安全标志牌。

7）每台用电设备应有各自专用的开关，不得用同一个开关直接控制两台及以上用电设备（含插座）。

8）当分配电箱直接供电给末级配电箱时，可采用配电箱设置插座方式供电，并应采用工业用插座，且每个插座应有各自独立的保护电器。

9）动力配电箱与照明配电箱宜分别设置。当合并设置为同一配电箱时，动力和照明应分路配电；动力末级配电箱与照明末级配电箱应分设。

10）对配电箱进行维修、检查时，应将其前一级相应的电源隔离开关分闸断电，并悬挂“禁止合闸、有人工作！”的安全标志牌。

11）配电箱送电、停电应按照下列顺序进行操作：

送电操作顺序：总配电箱→分配电箱→末级配电箱。

停电操作顺序：末级配电箱→分配电箱→总配电箱。但在配电系统故障的紧急情况下可以除外。

12）在对地电压 250V 以下的低压配电系统上不停电作业时，应遵守下列规定：

a. 被拆除或接入的线路，不得带任何负荷；

b. 相间及相对地应有足够的距离，避免施工作业人员及操作工具同时触及不同相导体；

c. 有可靠的绝缘措施；

d. 设专人监护；

e. 剩余电流动作保护装置（漏电保护器）应投入。

4. 防火防爆

（1）发生电气火灾时应首先切断电源。电气设备附近应配备适用于扑灭电气火灾的消防器材。

（2）装过挥发性油剂及其他易燃物质的容器未经处理，不得焊接与切割。

（3）材料站、易燃物品存放地，工程用火、生活用火区等应按规定配备消防器材。

（4）在林区、牧区进行施工，应遵守当地的防火规定，并配备必要的消防器材。

（5）爆破施工及爆破器材的使用，应遵守 GB 6722—2014《爆破安全规程》的规定。

5. 临时建筑

（1）施工现场使用的办公用房、生活用房、围挡等临时建筑物的设计、安装、验收、使用与维护、拆除与回收按 JGJ/T 188—2009《施工现场临时建筑物技术规范》的有关规定执行。

（2）临时建筑物工程竣工后应经验收合格方可使用。

（3）临时建筑物应根据当地气候条件，采取抵御风、雪、雨、雷电等自然灾害的措施，使用过程中应定期进行检查维护。

（4）施工用金属房应符合下列规定：

1）金属房外壳（皮）应有可靠明接地。

2）电源箱应装设在房外，箱内应装配有电源开关、剩余电流动作保护装置（漏电保护器）、熔断器，进房线孔应加防磨线措施。

3）房内配线应采用橡胶线且用瓷件固定。照明用灯采用防水瓷灯具。

4）房内需动力电源的，动力电与照明用电应分别装设熔断器和剩余电流动作保护装置（漏电保护器）。

5）房内配电设备前端地面应铺设绝缘橡胶板。

6）金属房的出入口门外应铺设绝缘橡胶板。

7）在金属房内的人员及室外人员，打雷天不应接听或拨打手机，并且金属房内的普通电话也应避免正在打雷时使用。

第二节　常用施工机械和工器具的安全要求

一、起重机械

1. 一般规定

（1）不得使用起重机械进行斜拉、斜吊和起吊地下埋设或凝固在地面上的重物以及其他不明重量的物体。

（2）吊索与物件的夹角宜采用 45°～60°，且不得小于 30°，吊索与物件棱角之间应加垫块。

（3）吊件吊起 100mm 后应暂停，检查起重系统的稳定性、制动器的可靠性、物件的平稳性、绑扎的牢固性，确认无误后方可继续起吊。对易晃动的重物应拴好控制绳。

（4）物件起升和下降速度应平稳、均匀，不得突然制动。

（5）起吊物件不得长时间悬挂在空中，作业中遇突发故障，应采取措施将物件降落到安全位置，并关闭发动机或切断电源后进行检修。无法放下吊物时，应采取适当的保险措施，除排险人员外，任何人员不得进入危险区域。

（6）在起吊、牵引过程中，受力钢丝绳的周围、上下方、转向滑车内角侧、吊臂和起吊物的下面，不得有人逗留和通过。

（7）吊物上不得站人，作业人员不得利用吊钩上升或下降。不得用起重机械载运人员。

（8）起重臂不得跨越电力线进行作业。

（9）起重机械在作业时应可靠接地。

（10）对新装、拆迁、大修或改变重要技术性能的起重机械，在使用前应经特种设备监督检验部门检验合格并取得安全准用证，并应按出厂说明书进行静负载及动负载试验。

2. 起重机

（1）起重机行驶和作业的场地应保持平坦坚实，机身倾斜度不得超过制造厂的规定，其车轮、支腿或履带的前端、外侧与沟、坑边缘的距离不得小于沟、坑深度的 1.2 倍，小于 1.2 倍时应采取防倾倒、防坍塌措施。

（2）汽车式起重机作业前应支好全部支腿，支腿应加垫木。作业中不得扳动支腿操纵阀；调整支腿应在无载荷时进行，且应将起重臂转至正前或正后方位。

（3）汽车式起重机起吊作业应在起重机的侧向和后向进行；变幅角度或回转半径应与起重量相适应。起重机带载回转时，回转速度要均匀，重物未停稳前，不准做反向操作。向前回转时，臂杆中心线不得越过支腿中心。

（4）履带起重机主臂工况吊物行走时，吊物应位于起重机的正前方，并用绳索拉住，缓慢行走；吊物离地面不得超过 500mm，吊物重量不得超过起重机当时允许起重量的 70%。塔式工况不得吊物行走。

（5）履带起重机行驶时，地面的接地比压要符合说明书的要求，必要时可在履带下铺设路基板，回转盘、臂架及吊钩应固定住，汽车式起重机下坡时不得空挡滑行。

（6）起吊重物时，重物中心与吊钩中心应在同一垂线上；荷载由多根钢丝绳支承时，宜设置能有效地保证各根钢丝绳受力均衡的装置。作业中发现起重机倾斜、支腿不稳等异常现象时，应立即使重物降落在安全的位置，下降中不得制动。

（7）当吊钩处于作业位置最低点时，卷筒上缠绕的钢丝绳，除固定绳尾的圈数外，放出钢丝绳时，卷筒上应至少保留3圈；当吊钩处于作业位置最高点时，卷筒上还宜留有至少1整圈的绕绳余量。

（8）停机时，应先将重物落地，不得将重物悬在空中停机。

（9）起吊作业完毕后，应先将臂杆放在支架上，后起支腿；吊钩应用专用钢丝绳挂牢或固定于规定位置。汽车式起重机不得吊物行走。

（10）加油时不得吸烟或动用明火。油料着火时，应使用泡沫灭火器或砂土扑灭，不得用水浇泼。

二、施工机械

1. 一般规定

（1）作业过程中，操作人员应严格遵循使用说明书规定的操作要求，不得擅自离开工作岗位或将机械交给其他无证人员操作。无关人员不得进入作业区或操作室内。

（2）机械作业前，操作人员应接受施工任务和安全技术措施交底。

（3）机械的安全防护装置及监测、指示、仪表、报警等自动报警、信号装置应完好齐全。

（4）新机、经过大修或技术改造的机械应按出厂使用说明书的要求和现行有关国家标准进行测试和试运转，特殊机械还应按照有关要求到检测机构进行检测。

（5）自制、改装、经过大修或技术改造机具除应按DL/T 875—2016《架空输电线路施工机具基本技术要求》的规定进行试验外，还应经鉴定合格后方可使用。

（6）机械在寒冷季节使用，针对机械特点应做好防冻、防滑工作。

（7）在机械产生对人体有害的气体、液体、尘埃、渣滓、放射性射线、振动、噪声等场所，应配置相应的安全防护设施和三废处理装置。

（8）施工现场应消除对机械作业有妨碍或不安全的因素。夜间作业应设置充足的照明。

2. 挖掘机

（1）操作挖掘机时，进铲不宜过深，提斗不得过猛，挖土高度一般不得超过4m。

（2）挖掘机行驶时，铲斗应位于机械的正前方并离地面1m左右，回转机构应制动，上下坡的坡度不得超过 20°。

（3）液压挖掘装载机的操作手柄应平顺，臂杆下降时中途不得突然停顿。行驶时应将铲斗和斗柄的油缸活塞杆完全伸出，使铲斗、斗柄和动臂靠紧。

3. 螺旋锚钻进机

（1）在设备行走前检查机架是否放平，固定好机架方可行驶，行走时遇有尖、硬障碍物时，不得强行通过；不得仅使用单边履带进行转向操作。

（2）在设备选定钻进位置后，应缓慢升起钻进机架，同时检查操作手柄与机架的动作是否协调一致。

（3）设备稳固后，应确认动力头下无异物，螺旋锚传扭销牢固，动力头操作手柄复位正常。

（4）操作绞盘时，离合手柄应按机械上的标识位置操作，在绞盘每一个状态上进行 1～2s 的试运行，以确保离合器离合到位。

（5）绞盘滚筒上至少应保留 5 圈钢丝绳。

（6）安装及拆除螺旋锚时应停机并制动。

（7）螺旋锚钻起动后怠速运转 3～5min，检查仪表是否运行正常；检查滑道机构和动力头是否运行正常，确认正常方能工作。怠速运转时间不得超过 10min。

（8）钻进过程中应随时检查钻机支腿的稳固情况，钻进压力最大不得超过 28MPa，下降压力不得超过 16MPa。

4. 凿岩机

（1）凿岩机开钻前，应检查作业面，周围石质应无松动，场地应清理干净。

（2）钻孔时，钻杆与钻孔中心线应保持一致。

（3）不得在废炮眼上钻孔和骑马式操作。

（4）手持式凿岩机不得长时间全速空转。当垂直向下作业时，人体重量不得全部压在凿岩机上，应防止钎杆断裂伤人。

（5）在离地 2m 以上或边坡上作业时，应系好安全带。不得在山坡上拖拉风管，当需要拖拉时，应先通知坡下的施工人员撤离。

（6）使用风动凿岩机应遵守下列规定：

1）使用前，应检查风管、水管，不得有漏水、漏气现象，并应采用压缩空气吹出风管内的水分和杂物。

2）开钻前，应检查作业面，周围石质应无松动，场地应清理干净，不得遗留瞎炮。

3）风、水管不得缠绕、打结，并不得受各种车辆碾压。不得用弯折风管的方法停止供气。

4）开孔时，应慢速运转，不得用手、脚去挡钎头。应待孔深达 10～15mm 后再逐渐转入全速运转。退钎时，应慢速徐徐拔出，若岩粉较多应强力吹孔。

5）运转中，当遇卡钎或转速减慢时，应立即减少轴向推力；当钎杆仍不转时，应立即停机排除故障。

6）在离地 2m 以上或边坡上作业时，应系好安全带。不得在山坡上拖拉风管，当需要拖拉时，应先通知坡下的施工人员撤离。

7）作业后，应关闭水管阀门，卸掉水管，进行空运转，吹净机内残存水滴，再关闭风管阀门。

（7）使用电动凿岩机应遵守下列规定：

1）电缆线不得敷设在水中或在金属管道上通过。施工现场应设标志，不得有机械、车辆等在电缆上通过。

2）钻孔时，当突然卡钎停钻或钎杆弯曲，应立即松开离合器，退回钻机。若遇局部硬岩层时，可操纵离合器缓慢推动，或变更转速和推进量。

3）作业后，应擦净尘土、油污，妥善保管在干燥地点，防止电动机受潮。

5. 切断机

（1）启动前，应检查切刀应无裂纹，刀架螺栓紧固，防护罩牢固。

（2）启动后，先空机运转，检查传动部分及轴承运转正常后方可使用。

（3）机械运转正常后方可断料，断料时手与切刀之间的距离不得小于 150mm，活动刀片前进时不应送料。如手握端小于 400mm 时，应采用套管或夹具将钢筋短头压住或夹牢。

（4）切断钢筋不得超过机械的负载能力，切低合金钢等特种钢筋时，应使用高硬度刀片。

（5）切长钢筋时应有人扶抬，操作时应动作一致。切短钢筋应用套管或钳子夹料，不得用手直接送料。

（6）切断机旁应设放料台，机械运转中不得用手直接清除切刀附近的断头和杂物。在钢筋摆动和切刀周围，非操作人员不得停留。

6. 调直机

（1）调直机上不得堆放物件。

（2）钢筋送入压滚时，手与曳轮应保持一定距离，不得接近。机械运转中不得调整滚筒。不得戴手套操作。

（3）钢筋调直到末端时，严防钢筋甩动伤人。

（4）调直短于 2m 或直径大于 9mm 的钢筋时应低速进行。

7. 弯曲机

（1）作业台和弯曲机台面要保持水平。

（2）按加工钢筋的直径和弯曲半径的要求装好相应规格的芯轴、成型轴、挡铁轴，芯轴直径应为钢筋直径的 2.5 倍。挡铁轴应有轴套。

（3）检查并确认芯轴、挡铁轴、转轴等应无损坏和裂纹，防护罩紧固可靠，经空转确认正常后，方可作业。

（4）挡铁轴的直径和强度不得小于被弯钢筋的直径和强度。不直的钢筋不得在弯曲机上弯曲。

（5）作业中不应更换轴芯、销子以及变换角度和调速，也不得进行清扫和加油。

8. 电焊机

（1）电焊机使用前，应检查并确认初、次级接线正确，输入电压符合电焊机的铭牌规定。

（2）接通电源后，人体不得接触初级线路的带电部分。

（3）电焊机线应具有良好的绝缘，绝缘电阻不得小于 2MΩ。不得将电焊机导线放在高温物体附近。电焊机接地线的接地电阻不得大于 4Ω，接地线不得接在管道、机械设备和建筑物金属物体上。

（4）雨雪天不应露天电焊作业。在潮湿地带作业时，操作人员应站位于绝缘物上方，并穿绝缘鞋。

（5）焊接操作及清除焊渣时应戴防护眼镜及专用手套，且人体头部应避开敲击焊渣飞溅方向

（6）移动电焊机时，应切断电源，不得用拖拉电焊机线的方法移动焊机。

（7）电焊机应设置在干燥的环境并放置平稳、牢固。

9. 混凝土搅拌机

（1）混凝土搅拌机应设置在平整坚实的场地上，装设后前后支架应承力，

使轮胎离地，不得以轮胎代替支架。

（2）使用前，应检查各部件，确认齐全、完好，试运转应正常。

（3）操作时，不得将人体任何部位伸入料斗或与机架之间。运转时，不得用手动工具伸入搅拌筒内扒料、出料。

（4）料斗升起时，任何人不得在料斗下停留或通过。当需要在料斗下检修或清理料坑时，应升起料斗并挂锁保险链。

（5）清理混凝土搅拌机时，当操作人员进入筒内时应切断电源或卸下熔断器，锁好开关箱，挂置“禁止合闸、有人工作！”警示牌，并应有专人在外监护。

（6）搅拌机停止使用时，应将料斗升起，挂锁保险链，拉闸断电并锁好电箱门。移动时应先切断电源，将料斗提升到上止点并挂锁保险链。

（7）各传动机构、工作装置、制动器等均应紧固可靠，开式齿轮、皮带轮等均有防护罩。

10. 混凝土泵车

（1）泵车就位后，应支起支腿并保持机身的水平和稳定。当用布料杆送料时，机身倾斜度不宜大于3°。

（2）就位后，泵车应打开停车灯，避免碰撞。

（3）不得在地面上拖拉布料杆前端软管；不得延长布料配管和布料杆。

（4）泵车就位地点应平坦坚实，周围无障碍物，上空无高压输电线。泵车不得停放在斜坡上。

（5）在检查、调整、修理输送管道或液压传动部分时，应使发动机和液压泵在零压力的状况下进行。

11. 混凝土泵送设备

（1）泵送管道的敷设应符合下列要求：

1）水平泵送管道宜直线敷设。

2）垂直泵送管道不得直接装接在泵的输出口上，应在垂直管前端按规定加装长度带有逆止阀的水平管。

3）敷设向下倾斜的管道时，应在输出口上加装一段水平管，其长度不应小于倾斜管高低差的5倍。

4）泵送管道应有支承固定，在管道和固定物之间应设置木垫做缓冲，不得直接与钢筋或模板相连，管道与管道间应连接牢靠；管道接头与卡箍应扣牢密封，不得漏浆；不得将已磨损的管道装在后端高压区。

（2）泵机运转时，不得将手或铁锹伸入料斗或用手抓握分配阀。当需在料斗或分配阀上作业时，应先关闭电动机，并消除蓄能器压力。

（3）泵送混凝土应连续进行。输送管道堵塞时，不得采用加大气压的方法疏堵。

12. 插入式振动器

（1）插入式振动器的电动机电源上应安装漏电保护装置，接地或接零应安全可靠。

（2）电动设备操作人员作业时应穿绝缘胶鞋和戴绝缘手套。

（3）电缆线上不得堆压物品或让车辆挤压，不得用电缆线拖拉或吊挂振动器。

（4）需移动振动器时，应先关闭电动机，再切断电源。不得用软管拖拉电动机。

13. 绞磨和卷扬机

（1）绞磨和卷扬机应放置平稳，锚固应可靠，并有防滑动措施。受力前方不得有人。

（2）拉磨尾绳不应少于 2 人，且应位于锚桩后面、绳圈外侧，不得站在绳圈内；当磨绳上的油脂较多时应及时清除。

（3）机动绞磨宜设置过载保护装置，不得采用松尾绳的方法卸荷。

（4）卷筒应与磨绳保持垂直。磨绳应从卷筒下方卷入，且排列整齐，在卷筒或磨芯上缠绕不得少于 5 圈，绞磨卷筒与磨绳最近的转向滑车应保持 5m 以上的距离。

（5）绞磨和卷扬机不得在载荷的情况下过夜。

（6）磨绳在通过磨芯时不得重叠或相互缠绕，当出现该情况时，应停止作业及时排除故障，不得强行牵引；不得在转动的卷筒上调整磨绳位置。

（7）作业人员不得跨越正在作业的钢丝绳。物料提升后，操作人员不得离开机械。

（8）被吊物件或吊笼下方不得有人员停留或通过。

（9）使用卷扬机应遵守下列规定：

1）作业前应进行检查和试车，确认卷扬机设置稳固，防护设施、电气绝缘、离合器、制动装置、保险棘轮、导向滑轮、索具等合格后方可使用。

2）作业时不得向滑轮上套钢丝绳，不得在卷筒、滑轮附近用手扶运行中的钢丝绳。

3）吊起的重物在空中短时间停留时，应用棘爪锁住，休息时应将物件或吊笼降至地面。

4）作业中如发现异常情况时，应立即停机检查，排除故障后方可使用。

5）卷扬机未完全停稳时不得换挡或改变转动方向。

6）设置导向滑车应对正卷筒中心，导向滑轮不得使用开口拉板式滑轮，滑车与卷筒的距离不应小于卷筒（光面）长度的 20 倍，与有槽卷筒不应小于 15 倍，且应不小于 15m。

7）卷扬机传动部分应安装防护罩。

14. 液压工器具

（1）液压工器具使用前应检查下列各部件：

1）油泵和液压机具应配套。

2）各部部件应齐全。

3）液压油位足够。

4）加油通气塞应旋松。

5）转换手柄应放在零位。

6）机身应可靠接地。

7）施压前应将压钳的端盖拧满扣，防止施压时端盖蹦出。

（2）夏季使用电动液压工器具时应防止暴晒，液压油油温不得超过 65℃。冬季如遇油管冻塞时，不得用火烤解冻。

（3）安装部件时，不得按动手柄的开关。

15. 牵引机和张力机

（1）操作人员应按照使用说明书要求进行各项功能操作，不得超速、超载、超温、超压或带故障运行。

（2）使用前应对设备的布置、锚固、接地装置以及机械系统进行全面的检查，并做运转试验。

（3）牵引机、张力机进出口与邻塔悬挂点的高差角及与线路中心线的夹角应满足其机械的技术要求。

（4）牵引机牵引卷筒槽底直径不得小于被牵引钢丝绳直径的 25 倍。对于使用频率较高的钢丝绳卷筒应定期检查槽底磨损状态，及时维修。

三、施工工器具

1. 抱杆

（1）抱杆搬运、使用中不得抛掷和碰撞。

（2）抱杆连接螺栓应按规定使用，不得以小代大。

（3）金属抱杆的整体弯曲不应超过杆长的 1/600。局部弯曲严重、磕瘪变形、表面腐蚀、裂纹或脱焊不得使用。

（4）抱杆帽和其他配件表面有裂纹、螺纹变形或螺栓缺少不得使用。

2. 钢丝绳

（1）钢丝绳应具有产品检验合格证，应符合 GB 8918—2006《重要用途钢丝绳》和 GB/T 20118—2017《钢丝绳通用技术条件》的规定或按出厂技术数据选用。

（2）钢丝绳的安全系数、动荷系数、不均衡系数分别不得小于《电建安规》附录 D 中表 D.1～D.3 的规定。

（3）滑轮、卷筒的槽底或细腰直径与钢丝绳直径之比应符合：

1）起重滑车：机械驱动时不得小于 11，人力驱动时不得小于 10。

2）绞磨卷筒（磨芯）不得小于 10。

（4）钢丝绳（套）有下列情况之一者应报废或截除：

1）钢丝绳的断丝数超过《电建安规》附录 D 中表 D.4～D.5 的规定数值时。

2）绳芯损坏或绳股挤出、断裂。

3）笼状畸形、严重扭结或金钩弯折。

4）压扁严重，断面缩小，实测相对公称直径减小 10%（防扭钢绳 3%）时，未发现断丝也应予以报废。

5）受过火烧或电灼，化学介质的腐蚀外表出现颜色变化时。

6）钢丝绳的弹性显著降低，不易弯曲，单丝易折断时。

7）钢丝绳的钢丝磨损或腐蚀达到钢丝绳实际直径比其公称直径减少 7%或更多者。

（5）钢丝绳端部用绳卡固定连接时，绳卡压板应在钢丝绳主要受力的一边，并不得正反交叉设置。绳卡的大小要适合钢丝绳的粗细，U 形环的内侧净距，要比钢丝绳直径大 1～3mm。上卡头时应将螺栓拧紧，直到钢丝绳被压扁 1/3～1/4 直径时为止，并在钢丝绳受力后，再将卡头螺栓拧紧一次，以保证接头牢固可靠。绳卡间距不应小于钢丝绳直径的 6 倍，连接端的绳卡数量应符合表 1－3 的规定。

表 1－3　　钢丝绳端部固定用绳卡的数量

钢丝绳公称直径（mm）	$d \leqslant 18$	$18 < d \leqslant 26$	$26 < d \leqslant 36$	$36 < d \leqslant 44$	$44 < d \leqslant 60$
钢丝绳卡最少数量	3	4	5	6	7

（6）插接的环绳或绳套，其插接长度应不小于钢丝绳直径的 15 倍，且不得小于 300mm。新插接的钢丝绳套应做 125%允许负荷的抽样试验。

（7）采用钢丝绳铝合金压制接头，应符合 GB/T 6946—2008《钢丝绳铝合金压制接头》的规定，接头在使用中不得受弯。

（8）在捆扎或吊运物件时，不得使钢丝绳直接和物体的棱角相接触。

（9）钢丝绳使用后应及时除去污物。每年浸油一次，并存放在通风干燥处。

（10）通过滑车及卷筒的钢丝绳不得有接头。

（11）滑轮、卷筒的槽底或细腰部直径与钢丝绳直径之比应符合：

1）起重滑车在机械驱动时不应小于 11，人力驱动时不应小于 10。

2）绞磨卷筒不应小于 10。

3. 编织防扭钢丝绳

（1）编织防扭钢丝绳的编织质量应符合 DL/T 1079—2016《输电线路张力架线用防扭钢丝绳》的规定并进行定期检验。

（2）编织防扭钢丝绳的使用除应符合一般钢丝绳的规定外，还应在架线施工前进行专项检查。

（3）编织防扭钢丝绳不宜用作起重绳通过滑车吊装重物，不得接续插接使用。

（4）编织防扭钢丝绳的两端应插套，插接长度不应小于绳节距的 4 倍。

（5）编织防扭钢丝绳应置于通风、防潮、隔热的库房内保存，露天存放时应设置可靠的防雨雪、防水浸泡等措施。

4. 合成纤维吊装带、棕绳和化纤绳

（1）合成纤维吊装带、棕绳和化纤绳等应选用符合标准的合格产品。各种纤维绳（含棕绳及化纤绳）的安全系数不得小于 5，合成纤维吊装带的安全系数不得小于 6。

（2）合成纤维吊装带要求：

1）使用前应对吊装带进行检查，表面不得有横向、纵向擦破或割口、软环及末端件损坏等情况，损坏严重者应做报废处理。

2）缝合处不允许有缝合线断头、织带散开。

3）吊装带不得拖拉、打结使用，有载荷时不得转动货物使吊带扭拧。

4）吊装带不得与有尖角、棱边的货物接触。

5）不得长时间悬吊货物。

6）应按出厂数据使用，无数据时不得使用。如有任何影响使用的状况发生，所需标识已丢失或不可辨识，应立即停止使用。

（3）棕绳（麻绳）要求：

1）棕绳（麻绳）不得用在机动机构中起吊构件，仅限于手动操作提升物件，或作为控制绳等辅助绳索使用。

2）棕绳（麻绳）用于手动机构时，卷筒或滑轮的槽底直径应大于绳径的10倍。

3）使用允许拉力不得大于 $9.8N/mm^2$；用于捆绑或在潮湿状态时应按允许拉力减半使用。

4）棕绳霉烂、腐蚀、断股或损伤者不得使用，绳索不得修补使用。

5）捆扎物件时，应避免绳索直接与物件尖锐处接触。

（4）化纤绳要求：

1）使用前应进行外观检查，使用中应避免刮磨或与热源接触等。

2）绑扎固定不得用直接系结的方式。

3）使用时与带电体有可能接触时，应按 GB/T 13035—2008《带电作业用绝缘绳索》的规定进行试验、干燥、隔潮等。

（5）合成纤维吊装带、棕绳和化纤绳使用后应及时清理，存放在清洁、干燥、通风的库房，并远离热源。

5. 起重滑车

（1）使用起重滑车应符合 JB/T 9007—2018《起重滑车》的规定。

（2）在受力方向变化较大的场合或在高处使用时应采用吊环式滑车。

（3）使用开门式滑车时应将门扣锁好。采用吊钩式滑车，应有防止脱钩的钩口闭锁装置。

（4）滑车的缺陷不得焊补。

（5）滑车出现下述情况之一时应报废：

1）裂纹。

2）轮槽径向磨损量达钢丝绳名义直径的25%。

3）轮槽壁厚磨损量达基本尺寸的10%。

4）轮槽不均匀磨损量达3mm。

5）其他损害钢丝绳的缺陷。

（6）吊钩出现下列情况之一时应报废：

1）裂纹。

2）危险断面磨损量大于基本尺寸的5%。

3）吊钩变形超过基本尺寸的10%。

4）扭转变形超过10°。

5）危险断面或吊钩颈部产生塑性变形。

（7）滑车组的钢丝绳不得产生扭绞。使用时滑车组两滑车轴心间的距离不得小于表1-4的规定。

表1-4　　滑车组两滑车轴心最小允许距离

滑车起重量（t）	1	5	10～20	32～50
滑车轴心最小允许距离（mm）	700	900	1000	1200

6. 卸扣

（1）当卸扣有裂纹、塑性变形、螺纹滑牙、销轴和扣体断面磨损达原尺寸3%～5%时不得使用。卸扣的缺陷不允许补焊。

（2）不得横向受力。

（3）销轴不得扣在能活动的绳套或索具内。

（4）不得处于吊件的转角处。

（5）不得使用金具U形环代替卸扣，不得用普通材料的螺栓取代卸扣销轴。

（6）应按标记规定的负荷使用，不得超负荷使用。

7. 链条葫芦和手扳葫芦

（1）使用前应检查吊钩及封口部件、链条良好，转动装置及刹车装置可靠。转动灵活正常。

（2）起重用链环等部件出现裂纹、明显变形或严重磨损时应予报废。

（3）刹车片不应沾染油脂和石棉。

（4）起重链条不得打扭，不得拆成单股使用。使用中发生卡链，应将受力部位封固后方可进行检修。

（5）手拉链条或扳手的拉动方向应与链槽方向一致，不得斜拉硬扳，不得强行超载使用。

（6）操作人员不得站在葫芦正下方，不得站在重物上面操作，也不得将重物吊起后停留在空中而离开现场，起吊过程中禁止任何人在重物下行走或停留。

（7）带负荷停留较长时间或过夜时，应采用手拉链条或扳手绑扎在起重链上，并采取保险措施。

（8）起重能力在 5t 以下的允许 1 人拉链，起重能力在 5t 以上的允许 2 人拉链，不得随意增加人数猛拉。

（9）两台及两台以上链条葫芦起吊同一重物时，重物的重量应不大于每台链条葫芦的允许起重量。

8. 导线、地线网套连接器

（1）导线、地线连接网套的使用应与所夹持的导线、地线规格相匹配。

（2）导线、地线穿入网套应到位。网套夹持导线、地线的长度不得少于导线、地线直径的 30 倍。

（3）网套末端应用铁丝绑扎，绑扎不得少于 20 圈。

（4）导线、地线连接网套每次使用前，应逐一检查，发现有断丝者不得使用。

（5）较大截面的导线穿入网套前，其端头应做坡面梯节处理；施工过程中需要导线对接时宜使用双头网套。

9. 卡线器

（1）卡线器的使用应与所夹持的线（绳）规格相匹配。

（2）卡线器有裂纹、弯曲、转轴不灵活或钳口斜纹磨平等缺陷时不得使用。

10. 抗弯连接器

（1）抗弯连接器表面应平滑，与连接的绳套相匹配。

（2）抗弯连接器有裂纹、变形、磨损严重或连接件拆卸不灵活时不得使用。

11. 旋转连接器

（1）旋转连接器使用前，检查外观应完好无损，转动灵活无卡阻现象。不得超负荷使用。

（2）旋转连接器的横销应拧紧到位。与钢丝绳或网套连接时应安装滚轮并拧紧横销。

（3）旋转连接器不宜长期挂在线路中。

（4）发现有裂纹、变形、磨损严重或连接件拆卸不灵活时不得使用。

（5）宜采用抗弯型旋转连接器。

12. 千斤顶

（1）油压式千斤顶的安全栓损坏、或螺旋、齿条式千斤顶的螺纹、齿条磨损量达 20%时，均不得使用。

（2）千斤顶应设置在平整、坚实、完整的支垫上，并与荷重面垂直。顶升时应控制物件重心、受力线保持在同一直线上。

（3）不得在无人监护的情况下承重。

（4）千斤顶不得超载使用，不得加长手柄，不得超过规定人数操作。

（5）顶升高度：油压千斤顶不得超过限位标志线；螺旋、齿条千斤顶不得超过螺杆、齿条高度的 3/4。

（6）使用油压式千斤顶时，任何人不得站在安全栓的前面。

（7）千斤顶与重物之间应垫防滑物，顶升时重物下方应设置保险垫层。

（8）用两台或两台以上千斤顶顶升同一重物时，千斤顶的总起重能力不小于荷重的 2 倍。顶升或卸荷时应由专人指挥，确保各千斤顶的顶升速度及受力基本一致。

（9）带载荷卸压下降时应采取缓冲措施，不得发生冲击现象。

13. 地锚、地钻

（1）锚、钻体强度应满足相连接绳索的受力要求。

（2）钢制锚、钻体的加强筋或拉环等焊接缝有裂纹或变形时应重新焊接。

（3）木质锚桩应使用质地坚硬的木料。发现有虫蛀、腐烂变质者不得使用。

（4）地锚、地钻埋设应设专人检查验收，回填土层应逐层夯实。

四、安全工器具

1. 一般规定

（1）安全工器具包括防止触电、灼伤、坠落、摔跌、中毒、窒息、火灾、雷击、淹溺等事故或职业危害，保障作业人员人身安全的个体防护装备、绝缘安全工器具、登高工器具、安全围栏（网）和标志牌等专用工具和器具，其管理及检查和试验要求等应符合 DL/T 875—2016《架空输电线路施工机具基本技术要求》、Q/GDW 11957.2—2020《国家电网有限公司电力建设安全工作规程 第 2 部分：线路》和国网（安监/4）289—2014《国家电网公司电力安全工器具管理规定》。

（2）安全工器具的制造与使用应符合国家和行业有关的法律、行政法规、强制性标准及技术规程的要求。

（3）无生产许可证、产品合格证、安全鉴定证及生产日期的安全工器具，不得采购和使用。

（4）安全工器具应设专人管理；收发应严格履行验收手续，并按照相关规定和使用说明书检查、使用、试验、存放和报废。

（5）安全工器具不得接触高温、明火、化学腐蚀物及尖锐物体，不得移作他用。

（6）安全工器具每次使用前，应进行可靠性检查，尤其是带电作业工具使用前，仔细检查确认没有损坏、受潮、脏污、变形、失灵，否则不得使用。

（7）安全工器具不得随意改动和更换部件。

（8）安全工器具应按相关规定、标准进行定期试验。

（9）安全工器具符合下列条件之一者，即予以报废：

1）经试验或检验不符合国家或行业标准的。

2）超过有效使用期限，不能达到有效防护功能指标的。

3）外观检查明显损坏影响安全使用的。

2. 个体防护装备

（1）安全帽。

1）永久标识和产品说明等标识清晰完整，安全帽的帽壳、帽衬（帽箍、吸汗带、缓冲垫及衬带）、帽箍扣、下颏带等组件完好无缺失。

2）帽壳内外表面应平整光滑，无划痕、裂缝和孔洞，无灼伤、冲击痕迹。

3）帽衬与帽壳连接牢固，后箍、锁紧卡等开闭调节灵活，卡位牢固。

4）使用期从产品制造完成之日起计算：塑料和纸胶帽不得超过 2 年半；玻璃钢（维纶钢）橡胶帽不超过 3 年半。使用期满后，要进行抽查测试合格后方可继续使用，抽检时，每批从最严酷使用场合中抽取，每项试验试样不少于 2 顶，以后每年抽检一次，有 1 顶不合格则该批安全帽报废。

5）任何人员进入生产、施工现场应正确佩戴安全帽。针对不同的生产场所，根据安全帽产品说明选择适用的安全帽。安全帽实行分色管理，红色安全帽为管理人员使用，黄色安全帽为运行人员使用，蓝色安全帽为检修（施工、试验等）人员使用，白色安全帽为外来参观人员使用。

6）安全帽戴好后，应将帽箍扣调整到合适的位置，锁紧下颚带，防止作业中前倾后仰或其他原因造成滑落。

7）受过一次强冲击或做过试验的安全帽不能继续使用，应予以报废。

（2）安全带。

1）商标、合格证和检验证等标识清晰完整，各部件完整无缺失、无伤残破损。

2）腰带、围杆带、肩带、腿带等带体无灼伤、脆裂及霉变，表面不应有明显磨损及切口；围杆绳、安全绳无灼伤、脆裂、断股及霉变，各股松紧一致，绳子应无扭结；护腰带接触腰的部分应垫有柔软材料，边缘圆滑无角。

3）金属配件表面光洁，无裂纹、无严重锈蚀和目测可见的变形，配件边缘应呈圆弧形；金属环类零件不得使用焊接，不应留有开口。

4）金属挂钩等连接器应有保险装置，应在两个及以上明确的动作下才能打开，且操作灵活。钩体和钩舌的咬口应完整，两者不得偏斜。各调节装置应灵活可靠。

5）安全带穿戴好后应仔细检查连接扣或调节扣，确保各处绳扣连接牢固。

6）在电焊作业或其他有火花、熔融源等场所使用的安全带或安全绳应有隔热防磨套。

7）安全带的挂钩或绳子应挂在结实牢固的构件或挂安全带专用的钢丝绳上，并应采用高挂低用的方式。

8）不得将安全带系在移动或不牢固的物件上（如瓷横担、未经固定的转动横担、线路支柱绝缘子等）。

（3）安全绳。

1）安全绳应光滑、干燥，无霉变、断股、磨损、灼伤、缺口等缺陷。所有部件应顺滑，无材料或制造缺陷，无尖角或锋利边缘。护套（如有）应完整不破损。

2）织带式安全绳的织带应加锁边线，末端无散丝；纤维绳式安全绳绳头无散丝；钢丝绳式安全绳的钢丝应捻制均匀、紧密、不松散，中间无接头；链式安全绳下端环、连接环和中间环的各环间转动灵活，链条形状一致。

3）在高温、腐蚀等场合使用的安全绳，应穿入整根具有耐高温、抗腐蚀的保护套，或采用钢丝绳式安全绳。

4）安全绳的连接应通过连接扣连接，在使用过程中不应打结。

（4）连接器。

1）连接器表面光滑，无裂纹、褶皱，边缘圆滑无毛刺，无永久性变形和活门失效等现象。

2）连接器应操作灵活，扣体钩舌和闸门的咬口应完整，两者不得偏斜，应有保险装置，经过两个及以上的动作才能打开。

3）有自锁功能的连接器活门关闭时应自动上锁，在上锁状态下必须经两个以上动作才能打开。

4）手动上锁的连接器应确保必须经两个以上动作才能打开，有锁止警示的连接器锁止后应能观测到警示标志。

5）使用连接器时，受力点不应在连接器的活门位置。

6）不应多人同时使用同一个连接器作为连接或悬挂点。

（5）速差自控器。

1）速差自控器的各部件完整无缺失、无伤残破损，外观应平滑，无材料和制造缺陷，无毛和锋利边缘。

2）钢丝绳速差器的钢丝应绞合均匀紧密，不得有叠痕、突起、折断、压伤、锈蚀及错乱交叉的钢丝。

3）用手将速差自控器的安全绳（带）进行快速拉出，速差自控器应能有效制动并完全回收。

4）速差自控器应系在牢固的物体上，不得系挂在移动或不牢固的物件上。不得系在棱角锋利处。速差自控器拴挂时不得低挂高用。

5）使用时应认真查看速差自控器防护范围及悬挂要求。

6）速差自控器应连接在人体前胸或后背的安全带挂点上，移动时应缓慢，不得跳跃。

7）不得将速差自控器锁止后悬挂在安全绳（带）上作业。

（6）攀登自锁器。

1）自锁器各部件完整无缺失，本体及配件应无目测可见的凹凸痕迹。本体为金属材料时，无裂纹、变形及锈蚀等缺陷，所有铆接面应平整、无毛刺，金属表面镀层应均匀、光亮，不允许有起皮、变色等缺陷；本体为工程塑料时，表面应无气泡、开裂等缺陷。

2）自锁器上的导向轮应转动灵活，无卡阻、破损等缺陷。

3）使用时应查看自锁器安装箭头，正确安装自锁器。

4）自锁器与安全带之间的连接绳不应大于 0.5m，自锁器应连接在人体前胸或后背的安全带挂点上。

5）在导轨（绳）上手提自锁器，自锁器在导轨（绳）上应运行顺滑，不应有卡住现象，突然释放自锁器，自锁器应能有效锁止在导轨（绳）上。

6）不得将自锁器锁止在导轨（绳）上作业。

（7）缓冲器。

1）缓冲器所有部件应平滑，无材料和制造缺陷，无尖角或锋利边缘。

2）织带型缓冲器的保护套应完整，无破损、开裂等现象。

3）缓冲器与安全绳及安全带配套使用时，作业高度要足以容纳安全绳和缓冲器展开的安全坠落空间。

4）缓冲器不得多个串联使用。

5）缓冲器与安全带、安全绳连接应使用连接器，不得绑扎使用。

3. 绝缘安全工器具

（1）电容型验电器。

1）电容型验电器的额定电压或额定电压范围、额定频率（或频率范围）、生产厂名和商标、出厂编号、生产年份、适用气候类型（D、C 和 G）、检验日期及带电作业用（双三角）符号等标识清晰完整。

2）验电器的各部件，包括手柄、护手环、绝缘元件、限度标记（在绝缘杆上标注的一种醒目标志，向使用者指明应防止标志以下部分插入带电设备中或接触带电体）和接触电极、指示器和绝缘杆等均应无明显损伤。

3）绝缘杆应清洁、光滑，绝缘部分应无气泡、皱纹、裂纹、划痕、硬伤、绝缘层脱落、严重的机械或电灼伤痕。伸缩型绝缘杆各节配合合理，拉伸后不应自动回缩。

4）非雨雪型电容型验电器不得在雷、雨、雪等恶劣天气时使用。

5）手柄与绝缘杆、绝缘杆与指示器的连接应紧密牢固。

6）验电器的规格应符合被操作设备的电压等级。

7）自检3次，指示器均应有视觉和听觉信号出现。

8）操作前，验电器杆表面应用清洁的干布擦拭干净，使表面干燥、清洁，且应在确知的同一电压等级带电体上试验，确认验电器良好后方可使用。无法在有电设备上进行试验时可用高压发生器等确证验电器良好。

9）操作时，应戴绝缘手套，穿绝缘靴。使用抽拉式电容型验电器时，绝缘杆应完全拉开。人体应与带电设备保持足够的安全距离，操作者的手握部位不得越过护环，以保持有效的绝缘长度。

（2）接地线。

1）接地线应用多股软铜线，截面积不得小于 $25mm^2$。接地线应有透明外护层，护层厚度大于1mm。

2）接地线的两端线夹应保证接地线与导体和接地装置接触良好、拆装方便。

3）个人保安线仅作为预防感应电使用，不得以此代替工作接地线。个人保安线应使用截面积不小于 $16mm^2$ 的多股软铜线。个人保安线由作业人员负责自行装、拆。

4）接地线有绞线断股、护套严重破损以及夹具断裂松动等缺陷时不得使用。

（3）绝缘绳、网。

1）新购置或翻新的绝缘绳、网应进行外观检查验收。

2）绝缘绳成卷用塑料袋密封，并置于专用包装内。

3）标注有品名、型号、质量、长度、出厂时间、厂名、防潮、防高温标志。

4）捻合绳各股线之间及各股中的丝线应紧密结合，不得有松散、分股现象。

5）捻合绳各股及各股中丝线均不应有叠痕、凸起、压伤、背股、抽筋等缺陷，不得有错乱交叉的丝线股。

6）接头应单根丝连接，线股不允许接头，单丝接头应封闭在绳股内部，不得外露。

7）捻合绳及绳中各股线的捻距在其全长内应均匀。

8）绝缘绳不得沾染油污及受潮。

9）使用 2500V 及以上绝缘电阻表或绝缘检测仪进行分段绝缘检测，电阻值应不低于 700MΩ。

10）绝缘绳的机械强度试验，包括拉伸断裂强度试验及伸长试验。拉伸断裂强度试验，其破坏强度不得小于额定强度的 5 倍。

11）绝缘绳、网受潮烘干时，不能用明火。

12）绝缘绳、网应存放在干燥、通风的库房内，并应经常检查，防止受潮、受污、虫蛀和机械损伤。

（4）绝缘手套。

1）进行设备验电，装拆接地线等工作应戴绝缘手套。

2）使用绝缘手套时应将上衣袖口套入手套筒口内。

3）绝缘手套有发粘、裂纹、破口（漏气）、气泡、发脆、嵌入导电杂物等缺陷时不得使用。

4. 登高工器具

（1）梯子。

1）升降梯升降灵活，锁紧装置可靠。铝合金折梯铰链牢固，开闭灵活，无松动。

2）折梯限制开度装置完整牢固。延伸式梯子操作用绳无断股、打结等现象，升降灵活，锁位准确可靠。

3）梯子应能承受作业人员及所携带的工具、材料攀登时的总重量。

4）梯子如不够长，可使用分段式梯子，各段连接时，可使用连接装置装配在一起。连接装置及梯子搭接部分的尺寸取决于梯子的计算与设计，并应进行搭接后梯框的强度、弯曲试验。梯子不得垫高使用。

5）梯子应放置稳固，梯脚要有防滑装置。使用前，应先进行试登，确认可靠后方可使用。有人员在梯子上作业时，梯子应有人扶持和监护。

6）梯子与地面的夹角应在 65°～75°之间，作业人员应在距梯顶 1m 以下的梯蹬（踏棍）上作业。

7）人字梯应具有坚固的铰链和限制开度的拉链。

8）靠在管子上、导线上使用梯子时，其上端需用挂钩挂住或用绳索绑牢。

9）人在梯子上时不得移动梯子，不得上下抛递工具、材料。

（2）软梯。

1）标志清晰，每股绝缘绳索及每股线均应紧密绞合，不得有松散、分股的现象。

2）绳索各股及各股中丝线均不应有叠痕、凸起、压伤、背股、抽筋等缺陷，不得有错乱、交叉的丝、线、股。

3）接头应单根丝线连接，不允许有股接头。单丝接头应封闭于绳股内部，不得露在外面。

4）在瓷横担线路上不得挂梯作业，在转动横担的线路上挂梯前应将横担固定。

5）软梯的吊点应固定在牢固的承载物上，且应注意防火、防磨。

6）使用软梯进行移动作业时，软梯上只准一人作业。作业人员到达梯头上进行作业和梯头开始移动前，应将梯头的封口可靠封闭，否则应使用保护绳防止梯头脱钩。

第三节　施工作业的基本安全要求

一、通用作业

1. 高处作业

（1）按照 GB 3608—2018《高处作业分级》的规定，凡在距坠落高度基准面 2m 及以上有可能坠落的高度进行的作业均称为高处作业。高处作业应有人监护。

（2）物体不同高度的可能坠落范围半径见表 1–5，地面施工人员不得在坠落半径内停留或穿行。

表 1–5　　不同高度的可能坠落范围半径　　单位 m

作业高度	$2 \leq h_w \leq 5$	$5 < h_w \leq 15$	$15 < h_w \leq 30$	$h_w > 30$
可能坠落范围半径	3	4	5	6

注　1. 通过可能坠落范围内最低处的水平面称为坠落高度基准面。

2. 作业区各作业位置至相应坠落高度基准面的垂直距离中的最大值称为作业高度，用 h_w 表示。

3. 可能坠落范围半径为确定可能坠落范围而规定的相对于作业位置的一段水平距离。

（3）高处作业的人员每年应至少进行一次体检。患有不宜从事高处作业病症的人员，不得参加高处作业。

（4）高处作业人员应衣着灵便，穿软底防滑鞋，并正确佩戴个人防护用具。

（5）高处作业时，作业人员应正确使用安全带。

（6）高处作业时，宜使用坠落悬挂式安全带，并应采用速差自控器等后备防护设施。安全带及后备防护设施应固定在构件上，应高挂低用。高处作业过程中，应随时检查安全带绑扎的牢靠情况。

（7）安全带使用前应检查是否在有效期内，是否有变形、破裂等情况，不得使用不合格的安全带。

（8）高处作业所用的工具和材料应放在工具袋内或用绳索拴在牢固的构件上，较大的工具应系保险绳。上下传递物件应使用绳索，不得抛掷。

（9）高处作业人员在攀登或转移作业位置时不得失去保护。杆塔上水平转移时应使用水平绳或设置临时扶手，垂直转移时应使用速差自控器或安全自锁器等装置。杆塔设计时应提供安全保护设施的安装用孔或装置。

（10）高处作业人员上下杆塔应沿脚钉或爬梯攀登，不得使用绳索或拉线上下杆塔，不得顺杆或单根构件下滑或上爬。

（11）攀登无爬梯或无脚钉的电杆应使用登杆工具，多人上下同一杆塔时应逐个进行。

（12）高处作业区附近有带电体时，传递绳应使用干燥的绝缘绳。

（13）在霜冻、雨雪后进行高处作业，人员应采取防冻和防滑措施。

（14）在气温低于－10℃进行露天高处作业时，施工场所附近宜设取暖休息室，并采取防火和防止一氧化碳中毒的措施。

（15）高处焊接作业时应采取措施防止安全绳（带）损坏。

2. 交叉作业

（1）施工中应避免立体交叉作业。无法错开的立体交叉作业，应采取防高处落物、防坠落等防护措施。

（2）交叉作业时，作业现场应设置专责监护人，上下层施工人员应相互配合，上层物件未固定前，下层应暂停作业。工具、材料、边角余料等不得上下抛掷，不得在吊物下方接料或停留。

（3）在夜间和光线不足的地方不得进行交叉作业。

3. 起重作业

（1）项目管理实施规划中应有机械配置、大型吊装方案及各项起重作业的安全措施。

（2）起重机械拆装时应编制专项施工方案。

（3）特殊环境、特殊吊件等施工作业应编制专项施工方案或专项安全技术措施，必要时还应经专家论证。

（4）起重机械使用前应经检验检测机构监督检验合格并在有效期内。

（5）起重作业应由专人指挥，分工明确。

（6）重大物件的起重、搬运作业应由有经验的专人负责。

（7）起重机械的各种监测仪表以及制动器、限位器、安全阀、闭锁机构等安全装置应完好齐全、灵敏可靠，不得随意调整或拆除。禁止利用限制器和限位装置代替操纵机构。

（8）各类起重机械应装有音响清晰的喇叭、电铃或汽笛等信号装置。在起重臂、吊钩、平衡重等转动体上应标以鲜明的色彩标志。

（9）起重机械使用单位对起重机械安全技术状况和管理情况应进行定期或专项检查，并指导、追踪、督查缺陷整改。

（10）起重机应配备灭火装置，操作室应铺橡胶绝缘带，不得存放易燃物品及堆放有碍操作的物品，非操作人员不得进入操作室；起重作业应划定作业区域并设置相应的安全标志，无关人员不得进入。

（11）每次换班或每个工作日的开始，对在用起重机械，应按其类型针对与该起重机械适合的相关内容进行日常检查。

（12）起重作业前应进行安全技术交底，使全体人员熟悉起重搬运方案和安全措施。

（13）操作人员在作业前应对作业现场环境、架空电力线以及构件重量和分布等情况进行全面了解。

（14）操作人员应按规定的起重性能作业，禁止超载。

（15）起吊物体应绑扎牢固，吊钩应有防止脱钩的保险装置。若物体有棱角或特别光滑的部位时，在棱角和滑面与绳索（吊带）接触处应加以包垫。起重吊钩应挂在物件的重心线上。

（16）含瓷件的组合设备不得单独采用瓷质部件作为吊点，产品特别许可的小型瓷质组件除外。瓷质组件吊装时应使用不危及瓷质安全的吊索，例如尼龙吊带等。

（17）当确需两台或多台起重机起吊同一重物时，应进行论证，并制定专项吊装方案。并应保持两机间任何接近部位（包括起重物）的安全距离不得小于 2m。绑扎时应根据各台起重机的允许起重量按比例分配负荷，保持升降同步。起重机承担的构件重量应考虑不平衡系数后且不应超过单机额定起吊重量的 80%。

（18）起升重物跨越障碍时，重物底部至少应高出所跨越障碍物最高点 0.5m 以上。

（19）吊起的重物不得在空中长时间停留。在空中短时间停留时，操作人员和指挥人员均不得离开工作岗位。

（20）起重机在作业时，车身应使用截面积不小于 $16mm^2$ 软铜线可靠接地。作业区域内应设围栏和相应的安全标志。

（21）吊件和起重臂活动范围内的下方不得有人通行或停留。

（22）起重机在作业中出现异常时，应采取措施放下吊件，停止运转后进行检修，不得在运转中进行调整或检修。

（23）雨雪过后作业前，应先试吊，确认制动器灵敏可靠后方可进行作业。

（24）在高寒地带施工的设备，应按规定定期更换冬、夏季传动液压油、发动机油和齿轮油等，保证油质能满足其使用条件。

（25）起重作业时，臂架、吊具、辅具、钢丝绳及吊物等与架空输电线及其他带电体之间不得小于表 1–6 安全距离要求，且应设专人监护。

表 1–6　　起重机及吊件与带电线路及其他带电体的安全距离

电压等级（kV）	安全距离（m）	
	沿垂直方向	沿水平方向
≤10	3.00	1.50
20～35	4.00	2.00
66～110	5.00	4.00
220	6.00	5.50
330	7.00	6.50
500	8.50	8.00
750	11.00	11.00
1000	13.00	13.00

注　750kV 数据为按海拔 2000m 校正，其他等级数据按海拔 1000m 校正。

（26）长期或频繁地邻近架空线路或其他带电体作业时，应采取隔离防护措施。

（27）起重指挥要求：

1）起重吊装作业的指挥人员应持证上岗，作业时应与操作人员密切配合，执行规定的指挥信号。

2）起重指挥信号应简明、统一、畅通。

3）操作人员应按照指挥人员的信号进行作业，当信号不清或错误时，操作人员可拒绝执行。

4）操作室远离地面的起重机械，在正常指挥发生困难时，地面及作业层（高空）的指挥人员均应采用对讲机等有效的通信联络进行指挥。

4. 焊接与切割

（1）一般规定。

1）进行焊接或切割作业时，操作人员应穿戴专用工作服、绝缘鞋、防护手套等符合专业防护要求的劳动保护用品。衣着不得敞领卷袖。

2）作业人员在观察电弧时，应使用带有滤光镜的头罩或手持面罩，或佩戴安全镜、护目镜或其他合适的眼镜。辅助人员亦应佩戴上述护目装置。

3）在作业前，操作人员应对设备的安全性和可靠性、个人防护用品、操作环境进行检查。

4）登高进行焊割作业，衣着要灵便，戴好安全帽和使用阻燃安全带，穿胶底鞋，不得穿硬底鞋和带钉易滑鞋。

5）焊接、切割设备应按制造厂提供的操作说明书和安全规程使用。

6）焊接、切割设备应处于正常的工作状态，存在安全隐患时，应停止使用并由维修人员修理。

7）焊接、切割的作业场所应有良好的照明。

8）焊接、切割作业只能在无火灾隐患的条件下实施。

9）不得在储存或加工易燃、易爆物品的场所周围 10m 范围内进行焊接或切割作业。

10）所有焊接、切割的操作应在足够的通风条件下进行，必要时应采取机械通风方式。

11）在风力五级以上及下雨、下雪时，不可露天或高处进行焊接和切割作业。如必须作业时，应采取防风、防雨雪、防触电、防火花飞溅等措施。

12）在高处进行焊割作业时，应把动火点下部的易燃易爆物移至安全地点，或采取可靠的隔离、防护措施。作业结束后，应检查是否留有火种，确认合格后方可离开现场。

13）高处作业时，不得随身带着气（焊）割软管登高，或从高处跨越。软管应在切断气源后用绳索提吊，不得将软管缠绕在身上操作，以防触电或燃爆。

14）登高焊割作业应避开高压线、裸导线及低压电源线。

15）高处作业时，电焊机及其他焊割设备与高处焊割作业点的下部地面保持 10m 以上的间隔，并应设监护人。

16）高处作业时，所使用的焊条、工具、小零件等应装在牢固的无孔洞的工具袋内，防止落下伤人。

17）进行焊接或切割作业时，应有防止触电、爆炸和防止金属飞溅引起火灾的措施。在人员密集的场所作业时，宜设挡光屏。

18）在进行焊接或切割操作的地方应配置适宜、足够的灭火设备。

19）焊接或切割作业结束后，应切断电源或气源，整理好器具，仔细检查作业场所周围及防护设施，确认无起火危险后方可离开。

20）盛装过油脂或可燃液体的容器，应采取清理、置换等措施后，方可进行焊接或切割。施焊或切割时，容器盖口应打开，施工作业人员不得站在容器的封头部位。

21）不得在油漆未干的结构或其他物体上进行焊接。

（2）电弧焊。

1）施工现场的电焊机应根据施工区需要而设置。多台电焊机集中布置时，应将电焊机和控制刀闸作对应的编号。电焊机一次侧电源线不得超过 5m，二次侧引出线不得超过 30m。一、二次线应布置整齐，牢固可靠。

2）露天装设的电焊机应设置在干燥的场所，并应有防雨、雪措施。

3）电焊机的外壳应可靠接地。接地时其接地电阻不得大于 4Ω。不得多台串联接地。

4）电焊机各电路对机壳的热态绝缘电阻不得低于 0.4MΩ。

5）电焊机应有单独的电源控制装置。

6）电焊设备应经常维修、保养。使用前应进行检查，确认无异常后方可合闸。

7）电焊机倒换接头，转移作业地点或发生故障时，应切断电源。

8）焊钳及电焊线的绝缘应良好；导线截面积应与作业参数相适应。焊钳应具有良好的隔热能力。

9）电焊导线不得靠近热源，不得接触钢丝绳或转动机械。电焊导线穿过道路应采取防护措施。

10）电焊作业台应可靠接地。在狭小或潮湿地点施焊时，应垫以木板或采取其他防止触电的措施，并设监护人。

11）电焊工宜使用反射式镜片，清除焊渣时应戴防护眼镜。

（3）气焊与气割。

1）气瓶运输前应旋紧瓶帽。应轻装轻卸，不得抛、滑或碰击。

2）气瓶的搬运应使用专门的台架或手推车。

3）汽车装运时，氧气瓶应横向卧放，头部朝向一侧，并应垫牢，装载高度不得超过车厢高度；乙炔瓶应直立排放，车厢高度不得低于瓶高的 2/3。气瓶押运人员应坐在司机驾驶室内，不得坐在车厢内。

4）车上不得产生烟火，运输乙炔气瓶的车上应备有相应的灭火器具。

5）易燃品、油脂和带油污的物品不得与氧气瓶同车运输。氧气瓶与乙炔瓶不得同车运输。

6）气瓶存放应在通风良好的场所，不得靠近热源或在烈日下曝晒。

7）气瓶存放处 10m 内不得有明火，不得与易燃物、易爆物同间存放。

8）不得与所装气体混合后能引起燃烧、爆炸的气瓶一起存放。

9）乙炔气瓶存放时应保持直立，并应有防止倾倒的措施。

10）乙炔气瓶不得放置在有放射性射线的场所，亦不得放在橡胶等绝缘体上。

11）气瓶不得与带电物体接触。氧气瓶不得沾染油脂。

12）氧气瓶卧放时不宜超过 5 层，两侧应设立桩，立放时应有支架固定。

13）气瓶的检验应按国家的相关规定进行。过期未经检验或检验不合格的气瓶不得使用。

14）使用中的氧气瓶与乙炔气瓶应垂直放置并固定，氧气瓶与乙炔气瓶的距离不得小于 5m。

15）各类气瓶不装减压器不得直接使用，不得使用不合格的减压器。

16）气瓶瓶阀及管接头处不得漏气。应经常检查丝堵和角阀丝扣的磨损及锈蚀情况，发现损坏应立即更换。

17）乙炔气瓶的使用压力不得超过 0.147MPa（$1.5kgf/cm^2$），输气流速每瓶不得超过 $1.5\sim2m^2/h$。

18）气瓶的阀门应缓慢开启。开启乙炔气瓶时应站在阀门的侧后方。

19）施工现场的乙炔气瓶应安装防回火装置。

20）瓶阀冻结时不得用火烘烤，可用浸 40℃热水的棉布盖上使其缓慢解冻。

21）气瓶内的气体不得全部用尽，氧气瓶应留有 0.2MPa（$2kgf/cm^2$）的剩余压力，乙炔气瓶应留有不低于表 1－7 规定的剩余压力。用后的气瓶应关紧其阀门并标注“空瓶”字样。

表 1－7　　乙炔气瓶内剩余压力与环境温度的关系

环境温度（℃）	<0	0～15	15～25	25～40
剩余压力（MPa）	0.05	0.1	0.2	0.3

5. 季节性施工

（1）夏季、雨汛期施工。

1）夏季高温季节应调整作业时间，避开高温时段，并做好防暑降温工作。

2）加强夏季防火管理，易燃易爆品应单独存放。

3）雨季前应做好防风、防雨、防洪等应急处置方案。现场排水系统应整修畅通，必要时应筑防汛堤。

4）雷雨季节前，应对施工机械、跨越架等的避雷装置进行全面检查，并进行接地电阻测定。

5）台风和汛期到来之前，施工现场和项目部的临建设施及高架机械均应进行修缮和加固，准备充足的防汛器材。

6）对正在组装的杆塔应确保地锚埋设和拉线固定牢靠。

7）铁塔一经安装应即时接地。

8）机电设备及配电系统应按有关规定进行绝缘检查和接地电阻测定。

9）台风、暴雨发生时不得施工作业。

10）台风、暴雨、汛期过后，应对临建设施、跨越架、机电设备、电源线路等进行检查并及时修理加固。

（2）冬季施工。

1）应为作业人员配发防止冻伤、滑跌、雪盲及有害气体中毒等个人防护用品或采取相应措施，防寒服装等颜色宜醒目。

2）当环境温度低于-25℃时不宜进行施工作业，确需施工时，主要受力机具应提高安全系数10%～20%。

3）施工机械设备的水箱、油路管道等润滑部件应经常检查，适季更换油材；油箱或容器内的油料冻结时，应采用热水或蒸汽化冻，不得用火烤化。

4）对取暖设施应进行全面检查。用火炉取暖时，应采取防止一氧化碳中毒的措施；应加强用火管理，及时清除火源周围的易燃物；根据需要配备防风保暖帐篷、取暖器等防寒设施。

5）汽车及轮胎式机械在冰雪路面上行驶时应更换雪地胎或加装防滑链。

6）冬季基坑的施工方案中应根据土质情况制定边坡防护措施，施工中和化冻后要检查边坡稳定，出现裂缝、土质疏松或护坡桩变形等情况应及时采取措施。

7）用明火加热时，应配备足量的消防器材，人员离场应及时熄灭火源。

8）严寒季节采用工棚保温措施施工，应遵守下列规定：

a. 使用锅炉作为加温设备，锅炉应经过压力容器设备检验合格，锅炉操作人员应经过培训合格、取证；

b. 工棚内养护人员不能少于2人，应有防止一氧化碳中毒、窒息的措施；

c. 采用苫布直接遮盖、用炭火养护的基础应留有通风口，加火或测温人员应先打开苫布通风，并测量一氧化碳和氧气浓度，达到符合指标时才能进入基坑，同时坑上应设置监护人员。

9）在霜雪天气进行施工作业时应及时清除场地霜雪，采取防冻防滑措施。

6. 特殊环境下作业

（1）山区及林（牧）区施工。

1）山区及林（牧）区施工应严格遵守当地关于防火的相关规定。

2）山区及林（牧）区施工应严格遵守环境保护相关工作。

3）山区及林（牧）区施工应做好森林脑炎等传染性较强的疾病预防工作，及时为作业人员注射疫苗，配备相关药品。

4）砍伐通道和清理作业场所的树、竹时，应控制其倾倒方向，不得多人在同一处对向砍伐或在安全距离不足的相邻处砍伐。树、竹倾倒的安全距离应为其高度的1.2倍。

5）砍伐工具在使用前应做检查，砍刀手柄应安装牢固，并备有必要的辅助工具。

6）上树砍伐不得攀附脆弱、枯死或尚未砍断的树枝、树木。

7）砍伐树木时，应设监护人。树木倾倒前应呼叫警告，砍伐人员应向倾倒的相反方向躲避。

8）在电力线、通信线或建筑物附近砍伐树木时，应事先采取安全措施。

9）在深山密林中施工应防止误踩深沟、陷阱。应穿硬胶底鞋。在路滑或无路及过沟、崖、坑、墙、涧时，应采取防护措施。不得穿越不明深浅的水域和薄冰，同时应随时与其他人员保持联系。

10）山区及林（牧）区施工做好防毒蛇、野兽、毒蜂等生物侵害的措施，施工或外出时应保持联系，应携带必要的应急防卫器械、防护用具及药品。

11）施工人员不得单独远离作业场所。作业完毕，施工负责人应清点人数。

（2）地质灾害、气象灾害地区施工。

在地质灾害、气象灾害多发地区，应与当地有关部门保持联系，设专人关注记录当地有关部门发布的有关信息和预警通知，及时做好应急预防措施。

二、运输和装卸

1. 机动车运输

（1）车辆在非标准道路上行驶，应遵守下列规定：

1）运输前应对道路进行检查，确定运输路线和方式，必要时对沿途的坡路、弯路、便桥、涵洞等应进行加固或拓宽。

2）大型施工机械或重型车辆通过桥梁、坡路、急转弯处、狭窄路面以及坑洼等处时，应减速行驶并设专人下车指挥协助通行。

3）车辆行经水漫路、桥时，应当停车察明水情，确认安全后，在地面人员引导下低速通过，不得强行通过。在冰雪路面或泥泞的坡道上应缓行，避免紧急制动，必要时车轮应装防滑链。

4）冬季车辆行经冰冻河（水）面，应根据当地气候情况和河水冰冻程度决定是否行车，不得盲目行驶。载重车辆通过较深的冰冻河（水）面时，车上乘员应下车步行通过。

（2）机动车水上摆渡应遵守轮渡的安全规定，听从渡口工作人员的指挥。

（3）载货机动车除押运和装卸人员外，不得搭乘其他人员。押运或装卸人员应处于安全位置。当载物高度超过车厢栏板时，货物上不得坐人。

（4）装运超长、超高或重大物件时，应遵守下列规定：

1）机动车载运超限物品应事先对路线进行勘察，并符合有关规定。

2）物件重心与车厢承重中心应基本一致。

3）易滚动的物件应使用木楔等掩牢并捆绑牢固。

4）采用超长架装载超长物件时，在其尾部应设警告标志。超长架与车厢应固定，物件与超长架及车厢必须捆绑牢固。

5）运输途中押运人员应加强检查，物件有松动的应及时紧固和调整。通过山区或弯道时，应避免超长部位与山坡、树木等障碍物相碰刮。行经隧道或立交地段时，应察明高度后通过。

（5）载送施工人员遵守下列规定：

1）遵守交通管理部门的有关规定，宜使用客车载送施工人员。

2）自卸车、挂车、平板车、起重车、拖拉机等工程车或农用车不应载人。

3）货车接送施工人员的要求：

a. 车上应指定安全监护人；

b. 车厢栏板应牢固，栏板高度不低于 1m；

c. 车上不得超员，乘车人员的头、手不得伸出车厢栏板；

d. 车厢栏板上不得坐人；

e. 乘车人员应躲避路边树木及道路上方的障碍物。

（6）牵引机、张力机运输遵守下列规定：

1）牵引机、张力机运输前应将机身上的活动零部件临时固定。

2）非自行或无消振装置的牵引机、张力机长距离转运时，应采用汽车装载运输方式。短距离转场运输的拖运，应采用硬连接方式，且限制行车速度，不应超过 30km/h，乡道上行驶速度不宜超过 15km/h。

3）牵引机、张力机装卸时应使用机身专用吊环起吊。

4）机械拖运前应接通与拖运机车之间的刹车和信号灯，并固定牢固。主车上应设监护人。

5）被拖运的钢丝绳卷车及线盘车上不得装带绳筒及线盘，且行车中，车厢上不得有人。

（7）运输电缆盘时，盘上的电缆头应固定牢固，应有防止电缆盘在车、船上滚动的措施。卸电缆盘不能从车、船上直接推下。滚动电缆盘的地面应平整，滚动电缆盘应顺着电缆缠紧方向，破损的电缆盘不应滚动。电缆盘放置时应立放，并采取防止滚动措施。

2. 非机动车运输

（1）非机动车运输应遵守当地交通管理部门的规定。车辆应指定专人驾驶，其他人员不得随意驾车。

（2）装车前应对车辆进行检查，车轮和刹车装置应完好，车辆运输行驶时速不宜超过 10km/h。

（3）在险路、弯路、陡坡或泥泞、冰雪、坑洼道路上行驶时，车上人员应下车步行。

（4）下坡时应控制车速，不得任其滑行。

（5）数车同时运输，应保持适当距离，不得并行和抢道。

（6）停放车辆应当拉紧车闸。

（7）畜力山地运输。

1）山地运输的马匹等畜力应经专门驯养。驯养人员应经该工程的安全培训，执行山地运输规定。

2）单体畜力载货重量不得超过 200kg，驮运塔材等长件的畜力应由驯养员驾驭。

3）运输货物过程中，人员不应骑驭牲畜。

4）停放时应拴系牲畜。

3. 船舶运输

（1）船舶运输应遵守水运管理部门或海事管理机构的有关规定。

（2）承担运输任务的船舶应安全可靠，并签订安全协议。

（3）运输前，应根据船运路线、船舶状况、装卸条件等制定合理的运输方案，装卸大重物件或大型施工机械应制定专项装卸运输方案，船舶不得超载。

（4）入舱的物件应放置平稳，易滚、易滑和易倒的物件应绑扎牢固。

（5）用船舶接送作业人员应遵守下列规定：

1）不得超载超员。

2）船上应配备合格齐备的救生设备。

3）乘船人员应正确穿戴救生衣，掌握必要的安全常识，会熟练使用救生设备。

4）乘船人员不得将手脚伸出船体，不得在舱外走动。

5）乘船人员不得下水。

6）上下船的跳板应搭设稳固，并有防滑措施。

7）船上不得搭载和存放易燃易爆物品。

4. 人力运输和装卸

（1）人力运输的道路应事先清理路面障碍物，山区抬运笨重物件或钢筋混凝土电杆的道路，其宽度不宜小于 1.2m，坡度不宜大于 1:4。

（2）搬运较大或较重器材时，应事先判别物体的重心位置，选择抬运工具和绑扎工具，使抬运人员承力均衡。

（3）大重物件不得直接用肩扛运。多人抬运物件时应设专人指挥，口令步伐一致，同起同落。

（4）人力运输用的工器具应牢固可靠，每次使用前应做检查。

（5）雨雪天后抬运物件时，应有防滑措施。在陡坡地段抬运应适当减轻人均抬重。

（6）用跳板或圆木装卸滚动物件时，应用绳索等措施加以控制，物件滚落前方不得有人。

（7）圆管形构件卸车时，车辆不宜停在有坡度的路面上。每卸车一件，其余应掩牢。每卸完一处，剩余管件绑扎牢固后方可继续运输。

5. 索道运输

（1）索道的设计、安装、检验、运行、拆卸应严格遵守 GB 12141—2008《货运架空索道安全规范》、GB 50127—2020《架空索道工程技术标准》、Q/GDW 1418—2014《架空输电线路施工专用货运索道施工工艺导则》、《电建安规》及有关技术规定；索道采用木支架的，应遵守 GB 50005—2017《木结构设计标准》规定。

（2）索道设备出厂时应按有关标准进行严格检验，并出具合格证书。

（3）索道架设应按索道设计运输能力、选用的承力索规格、支撑点高度和高差、跨越物高度、索道档距精确计算索道架设弛度，架设时严格控制弛度误差范围。

（4）索道架设不得跨越居民区、铁路、等级公路、高压电力线路等重要公共设施。货物运输过程中应设专人监管，施工人员应站在索道外侧。

（5）索道料场支架处应设置限位装置，低处料场及坡度较大的支架处宜设置挡止装置。

（6）索道架设完成后，或经长期停运使用前，应经使用单位和监理单位安全检查验收合格后才能投入试运行，索道试运行合格后，方可运行。

（7）正常使用时，每次发动牵引设备前，均应检查设备及仪表等，确认无误后，方可开机运行。

（8）索道架设后应在各支架及牵引设备处安装临时接地装置。

（9）索道运行速度应根据所运输物件的重量，调整发动机转速，最高运行速度不宜超过 32m/min。载重小车通过支架时，牵引速度应缓慢，通过支架后方可正常运行。

（10）运行时发现有卡滞现象应停机检查。对于任一监护点发出的停机指令，均应立即停机，等查明原因且处理完毕后方可继续运行。

（11）牵引设备卷筒上的钢索至少应缠绕 5 圈。牵引设备的制动装置应经常检查，保持有效的制动力。

（12）索道运行过程中不得有人员在承重索下方停留。待驱动装置停机后，装卸人员方可进入装卸区域作业。

（13）拆除索道，应遵守从终端到始端或从高处到低处的原则。不得带张力剪断索道钢丝绳。

（14）索道不得超载使用，不得载人。

（15）遇有雷雨、五级及以上大风等恶劣天气时不得作业。

三、基础工程

1. 土石方开挖

（1）一般规定。

1）在有电缆、光缆及管道等地下设施的地方开挖时，应事先取得有关管理部门的同意，并有相应的安全措施且有专人监护。

2）挖掘区域内如发现不能辨认的物品、地下埋设物、古物等，不得擅自敲拆，应上报处理后方可继续施工。

3）在深坑作业应采取可靠的防坍塌措施，坑内的通风应良好。在作业中应定时检测是否存在有害气体或异常现象，发现危险情况应立即停止作业，采取可靠措施后，方可恢复施工。

4）挖掘施工区域应设围栏及安全标志牌，必要时夜间应挂警示灯，围栏离坑边不得小于 0.8m。夜间进行土石方作业应设置足够的照明，并设专人监护。

5）作业人员上下基坑时应有可靠的扶梯或坡道，不得相互拉拽、攀登挡土板支撑上下，作业人员应在地面安全地点休息。

6）堆土应距坑边 1m 以外，高度不得超过 1.5m。

7）寒冷地区基坑（槽）开挖应严格按规定放坡。解冻期施工，应对基坑和基础桩支护进行检查，无异常情况后，方可施工。

8）除掏挖桩基础外，不用挡土板挖坑时，坑壁应留有适当坡度，坡度参照表 1–8 确定。

表 1–8　　各类土质的坡度

土质类别	砂土、砾土、淤泥	砂质黏土	黏土、黄土	硬黏土
坡度（深:宽）	1:0.75	1:0.5	1:0.3	1:0.15

（2）降排水及支护。

1）雨水较多或地下水位较高时，应有临时排水措施，排水不得破坏相邻基础和挖、填土石方边坡。每日或雨后复工前，应检查土壁及支撑稳定情况。

2）基坑内外应设集水坑和排水沟，集水坑应每隔一定距离设置，排水沟应有一定坡度。

3）基坑边坡应进行防护，防止雨水侵蚀。

4）水泵等降排水设备使用前应经检查合格，确保其绝缘和密封性能良好。检查、移动水泵等降排水设备时，应切断电源。

5）井点降水应制定井点降水施工方案。

6）基坑支撑结构的施工应先撑后挖，更换支撑应先装后拆。基坑挖土时不得碰动支撑。

7）安设固壁支撑时，支撑木板应严密靠紧于坑的两壁，并用支撑与支柱将其固定牢靠。

8）固壁支撑所用木材不得腐坏、断裂，板材厚度不小于 50mm，撑木直径不小于 100mm。

（3）人工开挖。

1）人工开挖基坑，应先清除坑口浮土，向坑外抛扔土石时，应防止土石回落伤人。当基坑深度达 2m 时，宜用取土器械取土，不得用锹直接向坑外抛扔土。取土器械不得与坑壁刮擦。

2）应自上而下进行开挖，不得采用掏空倒挖的施工方法。不同深度的相邻基础应按先深后浅的施工顺序进行。

3）挖掘作业人员之间，横向间距不得小于 2m，纵向间距不得小于 3m；坑底面积超过 $2m^2$ 时，可由两人同时挖掘，但不得面对面作业。

4）人工撬挖土石方时，应遵守下列规定：

a. 边坡开挖时，应由上往下开挖，依次进行。不得上、下坡同时撬挖。

b. 应先清除山坡上方浮土、石，土石滚落下方不得有人，并设专人监护。

c. 人工打孔时，打锤人不得戴手套，并应站在扶钎人的侧面。

d. 在悬岩陡坡上作业时应设置防护栏杆并系安全带。

5）人工清理或装卸石方，应遵守下列规定：

a. 不便装运的大石块应劈成小块。用铁锲劈石时，操作人员间距不得小于 1m；用锤劈石时，操作人员间距不得小于 4m。操作人员应戴防护眼镜。

b. 斜坡堆放弃土应采取安全措施。

c. 用手推车、斗车或汽车卸渣时，车轮距卸渣边坡或槽边距离不得小于 1m。

（4）机械开挖。

1）用凿岩机或风钻打孔时，操作人员应戴口罩和风镜，手不得离开钻把上的风门，更换钻头应先关闭风门。

2）使用液压劈裂机进行胀裂作业时，手持部位应正确，不得接触活塞顶等活动部分。多台胀裂机同时作业时，应检查液压油管分路正确。

3）采用大型机械挖掘土石方时，应对机械的停放、行走、运土石的方法与挖土分层深度等制定施工方案。

4）挖掘机开挖时，应遵守下列规定：

a. 应避让作业点周围的障碍物及架空线；

b. 人员不应进入挖斗内，不应在伸臂及挖斗下面通过或逗留；

c. 不得利用挖斗递送物件；

d. 暂停作业时，应将挖斗放到地面；

e. 挖掘机作业时，在同一基坑内不应有人员同时作业。

（5）无声破碎。

1）使用无声破碎剂进行无声爆破时，应在现场调制药剂，随调随灌，不得用手直接接触药剂。运输和存放中应做好防潮隔离措施，开封后应立即使用。不应将无声破碎剂加水后装入小孔容器内。

2）施工时操作人员应戴防护眼镜，头（特别是眼睛）应偏离孔口，以防喷浆伤害。

3）施工中应依照厂家规定控制抑制剂和触发剂反应时间，并按其要求配制使用，不得擅自在产品中加入其他化学物品。

4）操作完毕，直到被破物开裂前，被破物附近不得有人畜。

2. 爆破施工

（1）爆破施工单位应按规定取得相应资质，作业人员应取得相应资格，爆破器材均应符合国家标准。配合做好向当地公安部门申请、备案等工作。

（2）爆破工程应签订合同及安全协议，在国家批准的允许经营范围内施工。

（3）爆破工程应严格遵守 GB 6722—2014《爆破安全规程》的规定。

3. 混凝土基础施工

（1）弯曲钢筋的工作台应设置稳固。

（2）切割短于 300mm 的短钢筋必须用钳子夹牢，不得直接用手把持。

（3）模板应用绳索和木杠滑入坑内。

（4）固定立柱模板的吊梁应有足够的强度，设置应稳固。

（5）模板支撑应牢固，并应对称布置。高出坑口的加高立柱模板应有防止倾覆的措施。

（6）拆除模板应自上而下进行。拆下的模板应集中堆放。木模板外露的铁钉应及时拔掉或打弯。

（7）地脚螺栓或插入式角钢应有固定支架，支架应牢固可靠。

（8）泵送混凝土应符合下列规定：

1）支腿应支承在水平坚实的地面。支腿底部应与路面边缘保持一定的安全距离。

2）输送管线的布置应安装牢固，安全可靠，作业中管线不得摇晃、松脱。

3）泵起动时，人员不得进入末端软管可能摇摆触及的危险区域。

4）建筑物边缘作业时，操作人员应站在安全位置，使用辅助工具引导末端软管，不得站在建筑物边缘手握末端软管作业。

5）泵输送管线及臂架应与带电线路保持一定的安全距离。

（9）人工搅拌混凝土的平台应搭设稳固、可靠。

（10）人工浇筑混凝土，应遵守下列规定：

1）浇筑混凝土或投放大石时，必须听从坑内捣固人员的指挥。

2）坑口边缘 1m 以内不得堆放材料和工具。

3）捣固人员不得在模板或撑木上走动。

（11）机电设备使用前应进行全面检查，确认机电装置完整、绝缘良好、接地可靠。

（12）混凝土搅拌机的设置、使用应执行本章第二节有关混凝土搅拌机的规定。插入式振动器的使用应执行本章第二节有关插入式振动器的规定。

（13）用手推车运送混凝土时，倒料平台口应设挡车措施。倒料时不得撒把。

（14）基础养护人员不得在模板支撑上或在易塌落的坑边走动。

（15）涂刷过氯乙烯塑料薄膜养护基础时，应有防火、防毒措施。

4. 桩锚基础施工

（1）钻孔灌注桩基础。

1）施工场地应平整，附近障碍物应清除，作业区应有明显标志或围栏。

2）作业前应全面检查机电设备，电气绝缘和制动装置应良好，传动部分应有防护罩，电缆应有专人收放。

3）钻机和冲击锤机运转时不得进行检修。冲击锤机不得悬吊桩锤进行检修。

4）灌注桩施工，应遵守下列规定：

a. 潜水钻机的电钻应使用封闭式防水电机，接入电机的电缆不得破损、漏电；

b. 孔顶应埋设护筒，埋深应不小于 1m；

c. 不得超负荷进钻；

d. 应由专人收放进浆胶管；

e. 接钻杆时，应先停止钻机转动，后提升钻杆；

f. 施工人员不得进入没有护筒或其他防护设施的钻孔中工作；

g. 应按规定排放泥浆。

（2）人工挖孔基础。

1）人力挖孔和机动绞磨提土操作应设专人监护，并密切配合。提土机构应有防倒转装置。

2）应按设计要求设置护壁，应有防止孔口坍塌的安全措施。挖出的土石料应及时运离孔口，不得堆放在孔口四周 1m 范围内，堆土高度不应超过 1.5m。机动车辆的通行不得对井壁的安全造成影响。

3）提土斗应为软布袋或竹篮等轻型工具，绞架刹车装置应可靠。

4）施工人员上下应使用梯子，并同时使用防坠器，不得乘用提土工具。

5）孔内作业应坚持“先通风、再检测、后作业”的原则，在氧气浓度、有害气体、可燃性气体、粉尘的浓度可能发生变化的环境中作业应保持必要的测定次数或连续检测。孔口设置安全防护围栏和安全警示标志，必要时夜间应设警示红灯。当孔深超过 10m 时或孔内有沼气等有害气体时，应对孔内进行送风补氧。人员每次下井作业前，应先行对孔内送风 10min 以上。

6）孔内不得使用燃油动力机械设备。

7）孔内作业不得超过 2 人，每次孔内作业不得超过 2h。

8）孔内照明应采用矿灯或安全灯。

（3）锚杆基础。

1）钻机和空压机操作人员与工作负责人之间的通信联络应清晰畅通。

2）钻孔前应对设备进行全面检查。进出风管不得有扭劲，连接应良好。注油器及各部螺栓均应紧固。

3）钻机工作中如发生冲击声或机械运转异常时，应立即停机检查。

4）风管控制阀操作架应加装挡风护板，并应设置在上风向。

5）吹气清洗风管时，风管端口不得对人。

6）风管不得弯成锐角，风管遭受挤压或损坏时，应立即停止使用。

5. 预制基础施工

（1）人力在坑内安装预制构件时，应用滑杠和绳索溜放，不得直接将其推入坑内。

（2）吊装预制构件，应遵守下列规定：

1）吊装机械和吊装的预埋吊环在使用前应进行检查。

2）抱杆根部应视土质情况与坑口保持适当距离，并采取防止抱杆倾倒及坑口塌落的措施。

3）采用汽车起重机吊装预制件时，其支腿距坑口距离不得小于坑深 1.2 倍，且不得小于 2m。

4）吊件应设控制绳。坑内预制构件吊起找正时，施工人员应站在吊件侧面。

5）施工人员不得随吊件上下。

（3）坑内组装时，应使用工具进行穿芯对孔，不得将手臂置于吊件下进行找正。

四、杆塔工程

1. 一般规定

（1）作业人员应熟悉施工区域内的环境。

（2）组立或者拆、换杆塔时应设专责监护人，施工过程中应有专人指挥，信号统一，口令清晰，统一行动。

（3）组塔作业区域应设置提示遮栏等明显安全警示标志，非作业人员不得进入作业区。

（4）组立220kV及以上电压等级线路的杆塔时，不得使用木抱杆。

（5）用于组塔或抱杆的临时拉线均应用钢丝绳。组塔用钢丝绳需考虑安全系数K、动荷系数K_1及不均衡系数K_2。

（6）临时地锚设置，应遵守下列规定：

1）采用埋土地锚时，地锚绳套引出位置应开挖马道，马道与受力方向应一致。

2）采用角铁桩或钢管桩时，一组桩的主桩上应控制一根拉绳。

3）临时地锚应采取避免被雨水浸泡的措施。

4）地锚埋设应设专人检查验收，回填土层应逐层夯实。

5）地钻设置处应避开呈软塑及流塑状态的黏性土、淤泥质土、人工填土及有地表水的土质（如水田、沼泽）等不良土质。

6）地钻埋设时，一般通过静力（人力）旋转方式埋入土中，应尽可能保持锚杆的竖直状态，避免产生晃动，以减少对周围土体的扰动。

7）不得利用树木或外露岩石等承力大小不明物体作为受力钢丝绳的地锚。

（7）组塔作业前应遵守下列规定：

1）应清除影响组塔的障碍物，如无法清除时应采取其他安全措施。

2）应检查抱杆正直、焊接、铆固、连接螺栓紧固等情况，判定合格后方可使用。

3）吊件螺栓应全部紧固，吊点绳、承托绳、控制绳及内拉线等绑扎处受力部位，不得缺少构件。

4）铁塔组立前，应了解铁塔组立期间当地的气象条件，避开恶劣天气。

（8）组塔过程中应遵守下列规定：

1）吊件坠落半径内不得有人。

2）在受力钢丝绳的内角侧不得有人。

3）在杆塔上有人时不得通过调整临时拉线来校正杆塔倾斜或弯曲。

4）分解组塔过程中，塔上与塔下人员通信联络应畅通。

5）钢丝绳与金属构件绑扎处，应衬垫软物。

6）组装杆塔的材料及工器具不得浮搁在已立的杆塔和抱杆上。

7）组立的杆塔不得用临时拉线固定过夜。需要过夜时，应对临时拉线采取安全措施。

8）攀登高度 80m 以上铁塔时宜沿有护笼的爬梯上下。

9）铁塔高度大于 100m 时，组立过程中抱杆顶端应设置航空警示灯和红色旗号。

10）铁塔组立过程中及电杆组立后，应及时与接地装置可靠连接。

11）杆塔的临时拉线应在永久拉线全部安装完毕后方可拆除，拆除时应由现场指挥人统一指挥。不得安装一根永久拉线随即拆除一根临时拉线。

12）杆塔组立前，应核对地脚螺栓与螺母型号是否匹配。铁塔组立后，地脚螺栓应随即采取加垫板并拧紧螺帽及打毛丝扣等适当防卸措施（8.8 级、10.9 级高强度地脚螺栓不应采用螺纹打毛的防卸措施）。

13）拆除抱杆应采取防止拆除段自由倾倒的措施，且宜分段拆除。不得提前拧松或拆除部分抱杆分段连接螺栓。

2. 钢筋混凝土电杆排杆

（1）滚动杆段时滚动前方不应有人。杆段顺向移动时，应随时将支垫处用木楔掩牢。

（2）用棍、杠撬拨杆段时，应防止其滑脱伤人。不得用铁撬棍插入预埋孔转动杆段。

（3）排杆处地形不平或土质松软，应先平整或支垫坚实，必要时杆段应用绳索锚固。

（4）杆段应支垫两点，支垫处两侧应用木楔掩牢。

（5）作业点周围 5m 内的易燃易爆物应清除干净。

（6）对两端封闭的钢筋混凝土电杆，应先在其一端凿排气孔，然后施焊，焊接结束应及时采取防腐措施。

3. 杆塔组装

（1）组装构件连接对孔时，不得将手指伸入螺孔找正。

（2）传递工具及材料不得抛掷。

（3）组装断面宽大的塔片，在竖立的构件未连接牢固前应采取临时固定措施。

（4）分片组装铁塔时，所带辅材应能自由活动。辅材挂点螺栓的螺帽应露扣。辅材自由端朝上时应与相连构件进行临时捆绑固定。

（5）山地铁塔地面组装时，应遵守下列规定：

1）塔材不得顺斜坡堆放。

2）选料应由上往下搬运，不得强行拽拉。

3）山坡上的塔片垫物应稳固，且应有防止构件滑动的措施。

4）组装管形构件时，构件间未连接前应采取防止滚动的措施。

（6）塔上组装应遵守下列规定：

1）多人组装同一塔段（片）时，应由一人负责指挥。

2）高处作业人员应站在塔身内侧或其他安全位置，且安全防护用具已设置可靠后方准作业。

3）需要地面人员协助操作时，应经现场指挥人下达操作指令。

4）塔片就位时应先低侧后高侧，主材与侧面大斜材未全部连接牢固前，不得在吊件上作业。

4. 倒落式人字抱杆整体组立杆塔

（1）杆塔起吊前，现场指挥人应检查现场布置情况。各岗位作业人员应检查各自操作项目的布置情况。

（2）指挥人员应站在能够观察到各个岗位的位置，但不得站在总牵引地锚受力的前方。

（3）杆塔侧面应设专人监视，传递信号应清晰畅通。

（4）电杆根部监视人应站在杆根侧面，下坑操作前应停止牵引。

（5）总牵引地锚出土点、制动系统中心、抱杆顶点及杆塔中心四点应在同一垂直面上，不得偏移。

（6）人字抱杆的根部应保持在同一水平面上，并用钢丝绳连接牢固。

（7）抱杆支立在松软土质处时，其根部应有防沉措施。抱杆支立在坚硬或冰雪冻结的地面上时，其根部应有防滑措施。

（8）抱杆受力后发生不均匀沉陷时，应及时进行调整。

（9）起立抱杆用的制动绳锚在杆塔身上时，应在杆塔刚离地面后及时拆除。

（10）杆塔两侧及后方应设置临时拉线，并依据指挥人指令及时调整。

（11）杆塔顶部吊离地面约 500mm 时，应暂停牵引，进行冲击试验，全面检查各受力部位，确认无问题后方可继续起立。

（12）抱杆脱帽绳应穿过脱帽环由专人控制其脱落。抱杆脱帽时，杆塔应及时带上反向临时拉线（即后方临时拉线），并应随电杆起立适度放出。

（13）杆塔起立角约 70° 时应减慢牵引速度。约 80° 时应停止牵引，利用临时拉线将杆塔调正、调直。

（14）Π形电杆起立前应挖马道。两杆马道的深度和坡度应一致。

（15）无叉梁或无横梁的门型杆塔起立时，应在吊点处进行补强。

（16）带拉线的转角杆塔起立后，在安装永久拉线的同时，应在内角侧设置半永久性拉线，该拉线应在架线结束后拆除。

（17）整体组立铁塔时，其根部应安装塔脚铰链。铰链应转动灵活，强度应符合施工设计要求。

（18）用两套倒落式抱杆同时起立门型杆塔时，现场布置和工器具配备应基本相同，两套系统的牵引速度应基本一致。

（19）临近带电体整体组立杆塔的最小安全距离应大于倒杆距离，并采取防感应电的措施。

5. 分解组立钢筋混凝土电杆

（1）分解组立钢筋混凝土电杆宜采用人字抱杆任意方向单扳法。

（2）采用通天抱杆起吊单杆时，电杆长度不宜超过 21m，电杆绑扎点不得少于 2 个。

（3）电杆的临时拉线数量：单杆不得少于 4 根，双杆不得少于 6 根。

（4）抱杆的临时拉线设置不得妨碍电杆及横担的吊装。若为门型杆时，先立一根电杆的拉线不得妨碍待立电杆和横担的吊装。

（5）抱杆及电杆的临时拉线绑扎及锚固应牢固可靠，起吊前应经指挥人或专责监护人检查。

（6）横担吊装未达到设计位置前，杆上不得有人。

（7）电杆立起后，临时拉线在地面未固定前，不得登杆作业。

6. 附着式外拉线抱杆分解组塔

（1）升降抱杆过程中，四侧临时拉线应由拉线控制人员根据指挥人命令适时调整。

（2）抱杆到达预定位置后，应将抱杆根部与塔身主材绑扎牢固。抱杆倾斜角不宜超过 15°。

（3）起吊构件前，吊件外侧应设置控制绳。吊装构件过程中，应对抱杆的垂直度进行监视，吊件控制绳应随吊件的提升均匀松出。

（4）构件起吊和就位过程中，不得调整抱杆拉线。

7. 内悬浮内（外）拉线抱杆分解组塔

（1）承托绳的悬挂点应设置在有大水平材的塔架断面处，若无大水平材时应验算塔架强度，必要时应采取补强措施。

（2）承托绳应绑扎在主材节点的上方。承托绳与主材连接处宜设置专门夹具，夹具的握着力应满足承托绳的承载能力。承托绳与抱杆轴线间夹角不应大于 45°。

（3）抱杆内拉线的下端应固定在靠近塔架上端的主材节点下方。

（4）提升抱杆宜设置两道腰环，两道腰环之间的间距应根据抱杆长度合理设置，以保持抱杆的竖直状态。

（5）构件起吊过程中抱杆腰环不得受力。

（6）应视构件结构情况在其上、下部位绑扎控制绳，下控制绳（也称攀根绳）宜使用钢丝绳。

（7）构件起吊过程中，下控制绳应随吊件的上升随之松出，保持吊件与塔架间距不小于 100mm。

（8）抱杆无法一次整体起立时，多次对接组立应采取倒装方式，禁止采用正装方式对接组立悬浮抱杆。

8. 座地摇（平）臂抱杆分解组塔

（1）抱杆组装应正直，连接螺栓的规格应符合规定，并应全部拧紧。

（2）抱杆应坐落在坚实稳固平整的地基或设计规定的基础上，若为软弱地基时应采取防止抱杆下沉的措施。

（3）提升（顶升）抱杆时，不得少于两道腰环，腰环固定钢丝绳应呈水平并收紧，同时应设专人指挥。

（4）摇臂的中部位置或非吊挂滑车位置不得悬挂起吊滑车或其他临时拉线。

（5）停工或过夜时，应将起吊滑车组收紧在地面固定。不得悬吊构件在空中停留过夜。

（6）抱杆采取单侧摇臂起吊构件时，对侧摇臂及起吊滑车组应收紧作为平衡拉线。

（7）吊装构件前，抱杆顶部应向受力反侧适度预倾斜。构件吊装过程中，应对抱杆的垂直度进行监视，抱杆向吊件侧倾斜不宜超过 100mm。

（8）无拉线摇臂抱杆不宜双侧同时起吊构件。若双侧起吊构件应设置抱杆临时拉线。

（9）抱杆提升过程中，应监视腰环与抱杆不得卡阻，抱杆提升时拉线应呈松弛状态。

（10）抱杆就位后，四侧拉线应收紧并固定，组塔过程中应有专人值守。

（11）平臂抱杆组塔应遵守下列规定：

1）抱杆各部件间应连接牢固，并设置附着和配重。

2）抱杆应有良好的接地装置，接地电阻不得大于 4Ω。

3）构件应组装在起重臂下方，且符合起重臂允许起重力矩要求。

4）应配置力矩、风速等监控装置，作业前检查应处于正常状态。

5）起重小车行走到起重臂顶端，终止点距顶端应大于 1m。

9. *流动式起重机组塔*

（1）指挥人员看不清作业地点或操作人员看不清指挥信号时，均不得进行起吊作业。

（2）起重机作业位置的地基应稳固，附近的障碍物应清除。

（3）吊装铁塔前，应对已组塔段（片）进行全面检查。

（4）吊件离开地面约 100mm 时应暂停起吊并进行检查，确认正常且吊件上无搁置物及人员后方可继续起吊，起吊速度应均匀。

（5）分段吊装铁塔时，上下段间有任一处连接后，不得用旋转起重臂的方法进行移位找正。

（6）分段分片吊装铁塔时，控制绳应随吊件同步调整。

（7）使用两台起重机抬吊同一构件时，起重机承担的构件重量应考虑不平衡系数后且不应超过单机额定起吊重量的 80%。两台起重机应互相协调，起吊速度应基本一致。

10. 杆塔拆除

（1）不得随意整体拉倒杆塔或在塔上有导、地线的情况下整体拆除。

（2）采用新塔拆除旧塔或用旧塔组立新塔时，应对旧塔进行检查，必要时应采取补强措施。

（3）杆塔拆除应根据现场地形、交跨情况确定拆塔方案，并应遵守下列规定：

1）分解拆除铁塔时，应按照组塔的逆顺序操作，先将待拆构件受力后，方准拆除连接螺栓。

2）整体倒塔时应有专人指挥，设立 1.2 倍倒杆距离警戒区，由专人巡查监护，明确倒杆方向。

3）拉线塔拆除时应该先将原永久拉线更换为临时拉线再进行拆除作业。

（4）拆除杆塔的受力构件前应转换构件承力方式或对其进行补强。

（5）拆塔采用气（焊）割作业时，应遵守本章本节有关焊接与切割的规定。

五、架线工程

1. 跨越架搭设与拆除

（1）一般规定。

1）跨越架的搭设应有搭设方案或施工作业指导书，并经审批后办理相关手续。跨越架搭设前应进行安全技术交底。

2）搭设或拆除跨越架应设专责监护人。

3）跨越架架体的强度，应能在发生断线或跑线时承受冲击荷载。

4）跨越架应采取防倾覆措施。

5）跨越架搭设及拆除，应事先与被跨越设施的产权单位取得联系，必要时应请其派员监督检查。

6）跨越架的中心应在线路中心线上，宽度应考虑施工期间牵引绳或导地线风偏后超出新建线路两边线各 2.0m，且架顶两侧应设外伸羊角。

7）跨越架与铁路、公路及通信线的最小安全距离应符合表 1－9 的规定。跨越架与高速铁路的最小安全距离应符合表 1－10 的规定。

表 1－9　　跨越架与被跨越物的最小安全距离　　单位 m

跨越架部位	跨越物名称			
	普通铁路	一般公路	高速公路	通信线
与架面水平距离	至铁路轨道：2.5	至路边：0.6	至路基（防护栏）：2.5	0.6
与封顶杆垂直距离	至轨顶：6.5	至路面：5.5	至路面：8	1.0

表 1－10　　跨越架与高速铁路的最小安全距离　　单位 m

安全距离		高速铁路
水平距离	架面距铁路附加导线	不小于 7m 且位于防护栅栏外
垂直距离	封顶网（杆）距铁路轨顶	不小于 12m
	封顶网（杆）距铁路电杆顶或距导线	不小于 4m

8）跨越架横担中心应设置在新架线路每相（极）导线的中心垂直投影上。

9）各类型金属跨越架架顶应设置挂胶滚筒或挂胶滚动横梁。

10）跨越架上应悬挂醒目的警告标志及夜间警示装置。

11）跨越架应经现场监理及使用单位验收合格后方可使用。

12）强风、暴雨过后应对跨越架进行检查，确认合格后方可使用。

13）跨越公路的跨越架，应在公路来车方向距跨越架适当距离设置提示标志。

（2）金属格构式跨越架。

1）新型金属格构式跨越架架体应经载荷试验，具有试验报告及产品合格证后方可使用。

2）跨越架架体宜采用倒装分段组立或起重机整体组立。

3）跨越架的拉线位置应根据现场地形情况和架体组立高度确定。跨越架的各个立柱应有独立的拉线系统，立柱的长细比一般不应大于 120。

4）采用提升架提升跨越架架体时，应控制拉线并用经纬仪监测调整垂直度。

5）各类型金属跨越架架体应有良好接地装置。

（3）悬索跨越架。

1）悬索跨越架的承载索应用纤维编织绳，其综合安全系数在事故状态下应不小于 6，钢丝绳应不小于 5。拉网（杆）绳、牵引绳的安全系数应不小于 4.5。网撑杆的强度和抗弯能力应根据实际荷载要求，安全系数应不小于 3。承载索悬吊绳安全系数应不小于 5。

2）承载索、循环绳、牵网绳、支承索、悬吊绳、临时拉线等的抗拉强度应满足施工设计要求。

3）绝缘绳、网使用前应进行外观检查，绳、网有严重磨损、断股、污秽及受潮时不得使用。

4）可能接触带电体的绳索，使用前均应经绝缘测试并合格。

5）绝缘网宽度应满足导线风偏后的保护范围。

6）绝缘网伸出被保护的电力线外长度不得小于 10m。

（4）木质、毛竹、钢管跨越架。

1）木质跨越架所使用的立杆有效部分的小头直径不得小于 70mm，60～70mm 的可双杆合并或单杆加密使用。横杆有效部分的小头直径不得小于 80mm。

2）木质跨越架所使用的杉木杆，出现木质腐朽、损伤严重或弯曲过大等情况的不得使用。

3）毛竹跨越架的立杆、大横杆、剪刀撑和支杆有效部分的小头直径不得小于 75mm，50～75mm 的可双杆合并或单杆加密使用。小横杆有效部分的小头直径不得小于 50mm。

4）毛竹跨越架所使用的毛竹，如有青嫩、枯黄、麻斑、虫蛀以及裂纹长度超过一节以上等情况的不得使用。

5）木、竹跨越架的立杆、大横杆应错开搭接，搭接长度不得小于 1.5m，绑扎时小头应压在大头上，绑扣不得少于 3 道。立杆、大横杆、小横杆相交时，应先绑 2 根，再绑第 3 根，不得一扣绑 3 根。

6）木、竹跨越架立杆均应垂直埋入坑内，杆坑底部应夯实，埋深不得少于 0.5m，且大头朝下，回填土应夯实。遇松土或地面无法挖坑时应绑扫地杆。跨越架的横杆应与立杆成直角搭设。

7）钢管跨越架宜用外径 48～51mm 的钢管，立杆和大横杆应错开搭接，搭接长度不得小于 0.5m。

8）钢管跨越架所使用的钢管，如有弯曲严重、磕瘪变形、表面有严重腐蚀、裂纹或脱焊等情况的不得使用。

9）钢管立杆底部应设置金属底座或垫木，并设置扫地杆。

10）钢管跨越架横杆、立杆扣件距离端部不得小于 100mm。

11）跨越架两端及每隔 6～7 根立杆应设置剪刀撑、支杆或拉线。拉线的挂点或支杆或剪刀撑的绑扎点应设在立杆与横杆的交接处，且与地面的夹角不得大于 60°。支杆埋入地下的深度不得小于 0.3m。

12）各种材质跨越架的立杆、大横杆及小横杆的间距不得大于表 1－11 的规定。

表 1－11　　立杆、大横杆及小横杆的间距　　单位 m

跨越架类别	立杆	大横杆	小横杆	
			水平	垂直
钢管	2.0	1.2	4.0	2.4
木	1.5		3.0	2.4
竹	1.2		2.4	2.4

（5）跨越架拆除。

1）附件安装完毕后，方可拆除跨越架。钢管、木质、毛竹跨越架应自上而下逐根拆除，并应有人传递，不得抛扔。不得上下同时拆架或将跨越架整体推倒。

2）采用提升架拆除金属格构式跨越架架体时，应控制拉线并用经纬仪监测垂直度。

2. 人力及机械牵引放线

（1）放线时的通信应畅通、清晰、指令统一，不得在无通信联络的情况下放线。

（2）被跨越的低压线路或弱电线路需要开断时，应事先征得有关单位的同意。开断低压线路应遵守停电作业的有关规定。开断时应有防止电杆倾倒的措施。

（3）放线滑车使用前应进行外观检查。带有开门装置的放线滑车，应有关门保险。

（4）线盘架应稳固，转动灵活，制动可靠。必要时打上临时拉线固定。

（5）穿越滑车的引绳应根据导线、地线的规格选用。引绳与线头的连接应牢固。穿越时，作业人员不得站在导线、地线的垂直下方。

（6）线盘或线圈展放处，应设专人传递信号。

（7）作业人员不得站在线圈内操作。线盘或线圈接近放完时，应减慢牵引速度。

（8）架线时，除应在杆塔处设监护人外，对被跨越的房屋、路口、河塘、裸露岩石及跨越架和人畜较多处均应派专人监护。

（9）导线、地线（光缆）被障碍物卡住时，作业人员应站在线弯的外侧，并应使用工具处理，不得直接用手推拉。

（10）人力放线应遵守下列规定：

1）领线人应由技工担任，并随时注意前后信号。拉线人员应走在同一直线上，相互间保持适当距离。

2）通过河流或沟渠时，应由船只或绳索引渡。

3）通过陡坡时，应防止滚石伤人。遇悬崖险坡应采取先放引绳或设扶绳等措施。

4）通过竹（树）林区时，应防止竹桩或树桩尖扎脚。

（11）机械牵引放线应遵守下列规定：

1）人力展放导引绳或牵引绳应遵守上述（10）人力放线的有关规定。

2）导引绳或牵引绳的连接应用专用连接工具。牵引绳与导线、地线（光缆）连接应使用专用连接网套或专用牵引头。

（12）拖拉机直接牵引放线应遵守下列规定：

1）途经的桥梁、涵洞应事先进行检查与鉴定，不得冒险强行。

2）行驶速度不得过快，驾驶员应随时注意指挥信号。

3）行驶中作业人员不得爬车、跳车或检修部件。挂钩上不得站人。

4）爬坡时拖拉机后面不得有人。

5）不得沿沟边、横坡等险要地形行驶。

3. 张力放线

（1）牵引场转向布设时，应遵守下列规定：

1）使用专用的转向滑车，锚固应可靠。

2）各转向滑车的荷载应均衡，不得超过允许承载力。

3）牵引过程中，各转向滑车围成的区域内侧不得有人。

（2）吊挂绝缘子串前，应检查绝缘子串弹簧销是否齐全、到位。吊挂绝缘子串或放线滑车时，吊件的坠落半径内不得有人。

（3）导引绳、牵引绳的安全系数不得小于 3。特殊跨越架线的导引绳、牵引绳安全系数不得小于 3.5。

（4）导引绳、牵引绳的端头连接部位在使用前应由专人检查，有钢丝绳损伤等情况不得使用。

（5）展放的绳、线不应从带电线路下方穿过，若必须从带电线路下方穿过时，应制定专项安全技术措施并设专人监护。

（6）飞行器展放初级导引绳，应遵守下列规定：

1）展放导引绳前应对飞行器进行试运行至规定时间后，检查各部运行状态是否良好。

2）采用无线信号传输操作的飞行器，信号传输距离应满足飞行距离要求。

3）飞行器应在满足飞行的气象条件下飞行。

4）飞行器的起降场地应满足设备使用说明书规定。

5）初级导引绳为钢丝绳时安全系数不得小于 3，为纤维绳时安全系数不得小于 5。

（7）张力放线前由专人检查下列工作：

1）牵引设备及张力设备的锚固应可靠，接地应良好。

2）牵张段内的跨越架结构应牢固、可靠。

3）通信联络点不得缺岗，通信应畅通。

4）转角杆塔放线滑车的预倾措施和导线上扬处的压线措施应可靠。

5）交叉、平行或邻近带电体的放线区段接地措施应符合施工方案的安全规定。

（8）张力放线应具有可靠的通信系统。牵引场、张力场应设专人指挥。

（9）引过程中，牵引绳进入的主牵引机高速转向滑车与钢丝绳卷车的内角侧不得有人。

（10）牵引时接到任何岗位的停车信号均应立即停止牵引，停止牵引时应先停牵引机，再停张力机。恢复牵引时应先开张力机，再开牵引机。

（11）牵引过程中，牵引机、张力机进出口前方不得有人通过。

（12）牵引过程中发生导引绳、牵引绳或导线跳槽、走板翻转或平衡锤搭在导线上等情况时，应停机处理。

（13）导线的尾线或牵引绳的尾绳在线盘或绳盘上的盘绕圈数均不得少于

6圈。

（14）导线或牵引绳带张力过夜应采取临锚安全措施。

（15）导引绳、牵引绳或导线临锚时，其临锚张力不得小于对地距离为5m时的张力，同时应满足对被跨越物距离的要求。

（16）使用放线滑车应遵守下列规定：

1）放线滑车允许荷载应满足放线的强度要求，安全系数不得小于3。

2）放线滑车悬挂应根据计算对导引绳、牵引绳的上扬严重程度，选择悬挂方法及挂具规格。

3）转角塔（包括直线转角塔）的预倾滑车及上扬处的压线滑车应设专人监护。

4. 压接

（1）钳压机压接应遵守下列规定：

1）手动钳压器应有固定设施，操作时平稳放置，两侧扶线人应对准位置，手指不得伸入压模内。

2）切割导线时线头应扎牢，并防止线头回弹伤人。

（2）液压机压接除应遵守DL/T 5285—2018《输变电工程架空导线（800mm^{2}以下）及地线液压压接工艺规程》的有关规定外，还应符合下列规定：

1）使用前检查液压钳体与顶盖的接触口，液压钳体有裂纹者不得使用。

2）液压机起动后先空载运行，检查各部位运行情况，正常后方可使用。压接钳活塞起落时，人体不得位于压接钳上方。

3）放入顶盖时，应使顶盖与钳体完全吻合，不得在未旋转到位的状态下压接。

4）液压泵操作人员应与压接钳操作人员密切配合，并注意压力指示，不得过荷载。

5）液压泵的安全溢流阀不得随意调整，且不得用溢流阀卸荷。

（3）高空压接应遵守以下规定：

1）压接前应检查起吊液压机的绳索和起吊滑轮完好，位置设置合理，方便操作，宜采用高空压接平台进行作业。

2）液压机升空后应做好悬吊措施，起吊绳索作为二道保险。

3）高空人员压接工器具及材料应做好防坠落措施。

4）导线应有防跑线措施。

5. 导线、地线升空

（1）导线、地线升空作业应与紧线作业密切配合并逐根进行，导线、地线的线弯内角侧不得有人。

（2）升空作业应使用压线装置，不得直接用人力压线。

（3）压线滑车应设控制绳，压线钢丝绳回松应缓慢。

（4）升空场地在山沟时，升空的钢丝绳应有足够长度。

6. 紧线

（1）紧线的准备工作应遵守下列规定：

1）杆塔的部件应齐全，螺栓应紧固。

2）紧线杆塔的临时拉线和补强措施以及导线、地线的临锚应准备完毕。

（2）牵引地锚距紧线杆塔的水平距离应满足施工方案规定。地锚布置与受力方向一致，并埋设可靠。

（3）紧线前应具备下列条件：

1）紧线档内的通信应畅通。

2）埋入地下或临时绑扎的导线、地线应挖出或解开，并压接升空。

3）障碍物以及导线、地线跳槽等应处理完毕。

4）分裂导线不得相互绞扭。

5）各交叉跨越处的安全措施可靠。

6）冬季施工时，导线、地线被冻结处应处理完毕。

（4）紧线过程中监护人员应遵守下列规定：

1）不得站在悬空导线、地线的垂直下方。

2）不得跨越将离地面的导线或地线。

3）监视行人不得靠近牵引中的导线或地线。

4）传递信号应及时、清晰，不得擅自离岗。

（5）展放余线的人员不得站在线圈内或线弯的内角侧。

（6）应使用卡线器或其他专用工具卡接导线、地线，其规格应与线材规格匹配，不得代用。

（7）耐张线夹安装应遵守下列规定：

1）高处安装螺栓式线夹时，应将螺栓装齐拧紧后方可回松牵引绳。

2）高处安装耐张线夹时，应采取防止跑线的可靠措施。

3）在杆塔上割断的线头应用绳索放下。

4）地面安装耐张线夹时，导线、地线的锚固应可靠。

（8）挂线时，当连接金具接近挂线点时应停止牵引，然后作业人员方可从安全位置到挂线点操作。

（9）挂线后应缓慢回松牵引绳，在调整拉线的同时应观察耐张金具串和杆塔的受力变形情况。

（10）分裂导线的锚线作业应遵守下列规定：

1）导线在完成地面临锚后应及时在操作塔设置过轮临锚。

2）导线地面临锚和过轮临锚的设置应相互独立，工器具应满足各自能承受全部紧线张力的要求。

7. 附件安装

（1）附件安装前，作业人员应对专用工具和安全用具进行外观检查，不符合要求者不得使用。

（2）相邻杆塔不得同时在同相（极）位安装附件，作业点垂直下方不得有人。

（3）提线工器具应挂在横担的施工孔上提升导线；无施工孔时，承力点位置应满足受力计算要求，并在绑扎处衬垫软物。

（4）附件安装时，安全绳或速差自控器应拴在横担主材上。安装间隔棒时，安全带应挂在一根子导线上，后备保护绳应拴在整相导线上。

（5）在跨越电力线、铁路、公路或通航河流等的线段杆塔上安装附件时，应采取防止导线或地线坠落的措施。

（6）在带电线路上方的导线上测量间隔棒距离时，应使用干燥的绝缘绳，不得使用带有金属丝的测绳、皮尺。

（7）拆除多轮放线滑车时，不得直接用人力松放。

（8）使用飞车应遵守下列规定：

1）携带重量及行驶速度不得超过飞车铭牌规定。

2）每次使用前应进行检查，飞车的前后活门应关闭牢靠，刹车装置应灵活可靠。

3）行驶中遇有接续管时应减速。

4）安装间隔棒时，前后轮应卡死（刹牢）。

5）随车携带的工具和材料应绑扎牢固。

6）导线上有冰霜时应停止使用。

7）飞车越过带电线路时，飞车最下端（包括携带的工具、材料）与电力线的最小安全距离应在表 1－13 邻近或交叉其他电力线作业的安全距离表规定的基础上加 1m，并设专人监护。

8. 平衡挂线

（1）平衡挂线时，不得在同一相邻耐张段的同相（极）导线上进行其他作业。

（2）待割的导线应在断线点两端事先用绳索绑牢，割断后应通过滑车将导线松落至地面。

（3）高处断线时，作业人员不得站在放线滑车上操作。割断最后一根导线时，应注意防止滑车失稳晃动。

（4）割断后的导线应在当天挂接完毕，不得在高处临锚过夜。

（5）高空锚线应有二道保护措施。

9. 导线、地线更换施工

（1）宜以耐张段划分换线施工段。如换线施工段包括多个耐张段时，应制定特殊施工方案，确保耐张线夹安全通过放线滑车。

（2）换线施工前，应将导线、地线充分放电后方可作业。

（3）导线高空锚线应有二道保护。

（4）原导线接续管应安装接续管保护套方可通过放线滑车。

（5）带电更换架空地线或架设耦合地线时，应通过金属滑车可靠接地。

（6）拆除旧导线、地线应遵守下列规定：

1）不得带张力断线。

2）松线杆塔做好临时锚固措施。

3）旧线拆除时，采用控制绳控制线尾，防止线尾卡住。

（7）以旧线牵引新线换线应遵守下列规定：

1）注意旧线缺陷，必要时采取加固措施。

2）新线和旧线连接应可靠，并能顺利通过滑轮。

3）采用以旧线带新线的方式施工，应检查确认旧线完好牢固；若放线通道中有带电线路和带电设备，应与之保持安全距离，无法保证安全距离时应采取搭设跨越架等措施或停电。

4）牵引过程中应安排专人跟踪新旧线连接点，发现问题立即通知停止牵引。

10. 预防电击

（1）为预防雷电以及临近高压电力线作业时的感应电，应按《电建安规》

要求装设接地线。

（2）装设接地线应遵守下列规定：

1）接地线不得用缠绕法连接，应使用专用夹具，连接应可靠。

2）装设接地线时，应先接接地端，后接导线或地线端，拆除时的顺序相反。

3）挂接地线或拆接地线时应设监护人。操作人员应使用绝缘棒（绳）、戴绝缘手套，并穿绝缘鞋。

（3）张力放线时的接地应遵守下列规定：

1）架线前，放线施工段内的杆塔应与接地装置连接，并确认接地装置符合设计要求。

2）牵引设备和张力设备应可靠接地。操作人员应站在干燥的绝缘垫上且不得与未站在绝缘垫上的人员接触。

3）牵引机及张力机出线端的牵引绳及导线上应安装接地滑车。

4）跨越不停电线路时，跨越档两端的导线应接地。

5）应根据平行电力线路情况，采取专项接地措施。

（4）紧线时的接地应遵守下列规定：

1）线段内的接地装置应完整并接触良好。

2）耐张塔挂线前，应用导体将耐张绝缘子串短接。

（5）附件安装时的接地应遵守下列规定：

1）附件安装作业区间两端应装设接地线。施工的线路上有高压感应电时，应在作业点两侧加装工作接地线。

2）作业人员应在装设个人保安线后，方可进行附件安装。

3）地线附件安装前，应采取接地措施。

4）附件（包括跳线）全部安装完毕后，应保留部分接地线并做好记录，竣工验收后方可拆除。

5）在 330kV 及以上电压等级的运行区域作业，应采取防静电感应措施。例如穿戴相应电压等级的全套屏蔽服（包括帽、上衣、裤子、手套、鞋等，下同）或静电感应防护服和导电鞋等（220kV 线路杆塔上作业时宜穿导电鞋）。

6）在±400kV 及以上电压等级的直流线路单极停电侧进行作业时，应穿着全套屏蔽服。

7）绝缘架空地线应视为带电体。作业人员与绝缘架空地线之间的距离不应小于 0.4m（1000kV 为 0.6m）。如需在绝缘架空地线上作业时，应用接地线将其可靠接地或采用等电位方式进行。

11. 线路参数测试

（1）测试准备阶段。

1）勘测阶段：工程施工阶段，应开展现场勘测，明确线路走向、同塔、临近带电情况及线路–变电间隔联络对接情况；根据勘测情况，明确停电部分或全部感应电压源运行线路，避免被测线路受其影响导致感应电压过高无法测试；编制参数测试方案，制定组织、安全、技术措施。

2）测试前应具备以下条件：确认被测线路已竣工，并已验收合格，所有接地线已拆除。试验前，应确保被测线路上无人作业，相关感应电压源运行线路已停电；被测线路沿线无雷雨等恶劣天气；断开被测线路与电抗器、电容器、分压器等设备的引线，以免测量结果误差过大。

（2）测试实施阶段。

1）进行参数测试时，应明确试验负责人，试验人员不得少于 2 人，试验负责人是作业的安全责任人。

2）现场参数测试区域应设置遮栏或围栏，向外悬挂“止步、高压危险！”的安全标志牌，并设专人看护。

3）参数测试设备和被试验设备的接地端或外壳应可靠接地，接地线应采用多股编织裸铜线或外覆透明绝缘层铜质软绞线或铜带，接地线的截面不得小于 $25mm^2$。

4）试验引线的接线应牢固，并采用专用的参数测试线。

5）挂接试验线、变更或拆除接线时，被测线路应保持可靠接地状态。

6）合闸前应先检查接线，表计倍率、量程、调压器零位及仪表的开始状态均正确无误。

7）参数测试应有监护人监视操作，试验负责人许可后，方可开始测试。测试过程中，监护人传达口令应清楚准确，操作人员应复述应答。

8）参数测试操作人员应穿绝缘靴或站在绝缘台（垫）上，并戴绝缘手套。

9）试验用电源应有断路明显的开关、电源指示灯及漏电保护器。更改接线或试验结束时，应首先断开试验电源，再将被测线路可靠接地。

10）遇有雷电、雨、雪、雹、雾和六级以上大风时应停止参数测试。

11）试验中如发生异常情况，应立即断开电源，并经充分放电、接地后方可检查。

12）试验结束后，应检查被试线路设备上有无遗忘的工具、导线及其他物品，拆除临时围栏或标志旗绳。

六、停电、不停电作业

1. 一般规定

（1）在停电、部分停电或不停电线路上的作业及邻近、交叉带电线路处作业，应严格执行 Q/GDW 1799.2—2013《国家电网公司电力安全工作规程 线路部分》（以下简称《安规》）并填写工作票。

（2）现场作业按规定需要使用工作票时，工作票由设备运维管理单位（部门）签发，也可由经设备运维管理单位（部门）审核合格且经批准的基建单位签发。基建单位的工作票签发人、工作负责人名单应事先送有关设备运维管理单位（部门）、调度控制中心备案。工作票可实行"双签发"形式。签发工作票时，双方工作票签发人在工作票上分别签名，各自承担本部分工作票签发人相应的安全责任。开展同一项作业，需要同时使用工作票和作业票时，工作票与作业票的负责人应为同一人。

（3）停电、送电作业应指定专人负责。不得采用口头或约时停电、送电。

（4）下列情况应填用电力线路第一种工作票：

1）在停电的线路或同杆（塔）架设多回线路中的部分停电线路上的工作。

2）高压电力电缆需要停电的工作。

（5）下列情况应填用电力线路第二种工作票：

1）带电线路杆塔上且与带电导线最小安全距离不小于表 1–12 规定的工作。

2）电力电缆不需要停电的工作。

（6）在带电线路杆塔上临近带电体作业时，人体与带电线路及其他带电体之间的最小安全距离应符合表 1–12 的规定。

表 1–12 在带电线路杆塔上作业与带电线路及其他带电体的最小安全距离

电压等级（kV）	安全距离（m）	电压等级（kV）	安全距离（m）
交流			
10 及以下	0.7	330	4.0
20、35	1.0	500	5.0
66、110	1.5	750	8.0
220	3.0	1000	9.5

续表

电压等级（kV）	安全距离（m）	电压等级（kV）	安全距离（m）
直流			
±400	7.2	±660	9.0
±500	6.8	±800	10.1
±1100	17.0		

注 ±400kV 数据按海拔 3000m 校正；750kV 数据按海拔 2000m 校正；其他电压等级数据按海拔 1000m 校正。

（7）在邻近或交叉其他带电电力线处作业时，有可能接近带电导线至表 1－13 所示安全距离以内时，应遵守下列规定：

1）采取有效措施，使人体、导线、工器具等与带电导线符合表 1－13 所示安全距离规定，起重机及吊件、牵引绳索和拉绳与带电导线符合表 1－6 所示安全距离规定。

表 1－13　　邻近或交叉其他电力线作业的安全距离

电压等级（kV）	安全距离（m）	电压等级（kV）	安全距离（m）
交流			
10 及以下	1.0	330	5.0
20、35	2.5	500	6.0
66、110	3.0	750	9.0
220	4.0	1000	10.5
直流			
±400	8.2	±660	10.0
±500	7.8	±800	11.1
±1100	18.0		

注 ±400kV 数据按海拔 3000m 校正；750kV 数据按海拔 2000m 校正；其他电压等级数据按海拔 1000m 校正。

2）作业的导线、地线应在作业地点接地。绞磨等牵引工具应接地。

（8）临近带电体作业时，上下传递物件应用绝缘绳索，杆塔或地面上作业人员应将金属物品接地后再接触，以防电击。作业全过程应设专人监护。

（9）跨越施工前应按线路施工图中交叉跨越点断面图，对跨越点交叉角度、被跨越不停电电力线路架空地线在交叉点的对地高度、下导线在交叉点的对地高度、导线边线间宽度、地形等情况进行复测。

（10）复测跨越点断面图时，应考虑复测季节与施工季节环境温度的变化。

（11）跨越档相邻两侧杆塔上的放线滑车、牵张设备、机动绞磨等均应采取接地保护措施。跨越施工前，接地装置应安装完毕且与杆塔可靠连接。

（12）起重工具和临时地锚应根据其重要程度将安全系数提高 20%～40%。

（13）绝缘安全工具应定期进行绝缘试验，试验周期应符合《电建安规》相关的要求。

（14）绝缘绳、网每次使用前，应进行检查，有严重磨损、断股、污秽及受潮时不得使用。

（15）绝缘工具的有效长度不得小于《电建安规》的相关规定。

（16）绝缘绳、网在现场应按规格、类别及用途整齐摆放，并采取有效的防潮、防水措施。

2. 不停电跨越作业

（1）跨越不停电电力线路施工，应按《安规》规定的“电力线路第二种工作票”制度执行。

（2）跨越不停电电力线路，在架线施工前，施工单位应向运维单位书面申请该带电线路“退出重合闸”，许可后方可进行不停电跨越施工。施工期间发生故障跳闸时，在未取得现场指挥同意前，不得强行送电。

（3）不停电跨越架线的放线区段应尽量减少线档数量，牵引系统设备应经全面检查，确保完好。

（4）架线前对导引绳、牵引绳及承力工器具应进行逐盘（件）检查，不合格的工器具不得使用。

（5）架线过程中，不停电跨越位置处、跨越档两端铁塔应设专人监护，监护人应配备通信工具，且应保持与现场指挥人的联系畅通。

（6）跨越不停电线路时，作业人员不得在跨越架内侧攀登、作业，不得从封顶架上通过。

（7）导线、地线、钢丝绳等通过跨越架时，应用绝缘绳作引渡。引渡或牵引过程中，跨越架上不得有人。

（8）跨越档两端铁塔上的放线滑轮均应采取接地保护措施，放线前所有铁塔接地装置应安装完毕并接地可靠。人力牵引跨越放线时，跨越档相邻两侧的施工导线、地线应接地。

（9）跨越不停电线路架线施工应在良好天气下进行，遇雷电、雨、雪、霜、雾，相对湿度大于85%或5级以上大风天气时，应停止作业。如施工中遇到上述情况，则应将已展放好的网、绳加以安全保护。

（10）在跨越电气化铁路和10kV及以上电力线的跨越架上使用绝缘绳、绝缘网封顶时，应满足下列规定：

1）绝缘绳、网与被跨越电力线路导线、地线的最小垂直距离在事故状态下（跑线、断线），不得小于表1－14的规定。在雨季施工时应考虑绝缘网受潮后弛度的增加。

2）在多雨季节和空气潮湿情况下，应在封网用承力绳与架体连接处采取分流调节保护措施。

3）跨越架架面（含拉线）距被跨电力线路导线之间的最小安全距离在考虑施工期间的最大风偏后不得小于表1－14的规定。

（11）跨越电气化铁路时，跨越架与接触网的最小安全距离，应满足表1－14中35kV电压等级的有关规定。

表1－14　跨越架与带电线路导线、地线的最小安全距离

跨越架部位	被跨越电力线电压等级（kV）					
	≤10	35	66～110	220	330	500
架面（含拉线）与导线的水平距离（m）	1.5	1.5	2.0	2.5	5.0	6.0
无地线时，封顶网（杆）与导线的垂直距离（m）	1.5	1.5	2.0	2.5	4.0	5.0
有地线时，封顶网（杆）与地线的垂直距离（m）	0.5	0.5	1.0	1.5	2.6	3.6

（12）跨越架上最后通过的导线、地线、引绳或封网绳等，应留有绝缘绳做控制尾绳，防止滑落至带电体上。

（13）跨越施工完毕后，应尽快将带电线路上方的绳、网拆除并回收。

（14）跨越档两端铁塔的附件安装应进行二道防护，即采用包胶钢丝绳将导线圈住并挂于横担上。

3. 停电跨越作业

（1）停电作业前，施工单位应根据停电作业内容按照《安规》执行现场勘察制度。根据现场勘察的结果，制定停电作业跨越施工方案。

（2）施工单位应向运维单位提交书面停电申请和跨越施工方案。经运维单位审查同意后，应由所在运维单位按《安规》规定签发电力线路第一种工作票，并履行工作许可手续。

（3）工作负责人在接到已停电许可作业命令后，应首先安排人员进行验电。验电时，应使用相应电压等级且检验合格的接触式验电器。验电前进行验电器自检，且应在确知的同一电压等级带电体上试验，确认验电器良好后方可使用。验电应戴绝缘手套在装设接地线或合接地刀闸（装置）处对各相分别进行。验电应设专人监护。同杆塔架设有多层电力线时，应先验低压、后验高压、先验下层、后验上层。

（4）挂拆工作接地线应遵守下列规定：

1）验明线路确无电压后，作业人员应按照工作票上接地线布置的要求，立即挂工作接地线。凡有可能送电到作业地段内线路的分支线也应挂工作接地线。

2）同杆塔架设有多层电力线时，应先挂低压、后挂高压、先挂下层、后挂上层。工作负责人应检查确认所有工作接地线均已挂设完成后方可开始作业。

3）若有感应电压反映在停电线路上时，应在作业范围内加挂工作接地线。在拆除工作接地线时，应防止感应电触电。

4）在绝缘架空地线上作业时，应先将该架空地线接地。

5）挂工作接地线时，应先接接地端，后接导线或地线端。接地线连接应可靠，不得缠绕。拆除时的顺序与此相反。

6）装、拆工作接地线导体端时，作业人员均应使用绝缘棒或绝缘绳，人体不得碰触接地线。

（5）作业间断或过夜时，作业段内的全部工作接地线应保留。恢复作业前，应检查接地线是否完整、可靠。

（6）作业结束，工作负责人应对现场进行全面检查，待全部作业人员和所用的工具、材料撤离杆塔后方可命令拆除停电线路上的工作接地线。

（7）作业结束后，工作负责人应报告工作许可人，报告的内容如下：工作负责人姓名，该线路上某处（说明起止杆塔号、分支线名称等）作业已经完工，线路改动情况，作业地点所挂的工作接地线已全部拆除，杆塔和线路上已无遗留物，作业人员已全部撤离。

（8）在未接到停电许可作业命令前，任何人不得接近带电体。

（9）工作接地线一经拆除，该线路即视为带电，任何人不得再登杆塔进行任何作业。

七、电缆线路

1. 一般规定

（1）开启工井井盖、电缆沟盖板及电缆隧道人孔盖时应使用专用工具，同时注意所立位置，以免滑脱后伤人。工井作业时，不得只打开一只井盖（单眼井除外）。开启井盖后，井口应设置井圈，并用标准路栏围起，设专人监护，监护人员应事先与作业人员规定明确的联络信号，并与作业人员保持联系，作业前和离开时应准确清点人数。作业人员全部撤离后，应立即将井盖盖好，以免行人摔跌或不慎跌入井内。

（2）电缆隧道应有充足的照明，并有防水、防火、通风措施。进入电缆井、电缆隧道前，应先通风排除浊气，并用仪器检测做好记录，合格后方可进入。检测人员进行检测时，应当采取相应的安全防护措施，防止中毒窒息等事故发生。电缆井、隧道内工作时，通风设备应保持常开，保持气体定时检测或连续检测。发现通风设备停止运转、或者有毒有害气体浓度高于国家标准或者行业标准规定的限值时，应立即停止作业，清点作业人员，撤离作业现场。作业中断超过30min，应当重新通风、检测合格后方可进入。

（3）电缆井、隧道内工作时，应配备安全和抢救器具，如防毒面罩、呼吸器具、通信设备、梯子、绳缆以及其他必要的器具和设备。

（4）生产现场应穿绝缘鞋。在有积水的电缆层、工井、隧道及其他地下通道内施工，作业人员应穿绝缘靴。

（5）工井、电缆沟作业前，施工区域应设置标准路栏，夜间施工应使用警示灯。无盖板的电缆沟、沟槽、孔洞，以及放置在人行道或车道上的电缆盘，应设遮栏和相应的交通安全标志，夜间设警示灯。

（6）上、下工井不得使用金属扶梯，扶梯应有防滑措施，放置扶梯时应注意井下电缆。井下有人工作时，不得将扶梯移开（放线工作除外）。

（7）工井内使用施工机具时，放置的位置应留有安全通道，以利于人员应急时逃生或抢救。

（8）作业前应详细核对电缆标志牌的名称与施工作业票所填写的相符，并按照施工作业票所注明的线路名称，对其两端设备状态进行检查，安全措施可靠后，方可作业。

（9）电缆通道的电缆支架及接地焊接等动火作业应办理动火工作票。

（10）涉及运行电缆的改扩建工程，停电的工作应填用电力电缆第一种工作票，不停电的工作应填用电力电缆第二种工作票。

（11）填用电力电缆第一种工作票的工作应经调控人员许可。填用电力电缆第二种工作票的工作可不经调控人员许可。若进入变电站、配电站、发电厂工作，都应经运维人员许可。

（12）已建工井、排管改建作业应编制相关改建方案并经运维单位备案。改建施工时，使用电缆保护管对运行电缆进行保护，将运行电缆平移到临时支架上并做好固定措施，面层用阻燃布覆盖，施工部位和运行电缆做好安全隔离措施，确保人身和设备安全。

2. 电缆敷设

（1）电缆盘运输前应做好电缆盘的检查工作，确保电缆盘和电缆端头完好方可进行运输。

（2）应根据电缆盘的规格、材质、结构等情况选择合适的吊装方式，并在吊装施工时做好相关的安全措施。

（3）在搬运及滚动电缆盘时，应确保电缆盘结构牢固，滚动时方向正确。使用符合安全要求的工器具进行电缆盘转角度移动。

（4）电缆敷设应由专人指挥、统一行动，并有明确的联系信号，确保现场通信联络畅通，落实现场安全措施，确保作业人员人身安全。

（5）在开挖邻近地下管线的电缆沟时，应取得业主提供的有关地下管线等的资料，按设计要求制定开挖方案并报监理和业主确认。

（6）电缆敷设前，电缆沟及电缆夹层内应清理干净，并应有足够的照明。

（7）线盘架设应选用与线盘相匹配的放线架，且架设平稳。放线人员应站在线盘的侧后方。当放到线盘上的最后几圈时，应采取措施防止电缆突然蹦出。

（8）电缆敷设时，盘边缘距地面不得小于 100mm，电缆盘转动力量要均匀，速度要缓慢平稳。

（9）电缆敷设时，应在电缆盘处配有可靠的制动装置，应防止电缆敷设速度过快及电缆盘倾斜、偏移。

（10）架空电缆、竖井作业现场应设置围栏，对外悬挂安全标志。工具材料上下传递所用绳索应牢靠，吊物下方不得有人逗留。使用三脚架时，钢丝绳不得磨蹭其他井下设施。

（11）电缆盘、输送机、电缆转弯处应按规定搭建牢固的放线架并放置稳妥，并设专人监护。电缆盘钢轴的强度和长度应与电缆盘重量和宽度相匹配，敷设电缆的机具应检查并调试正常。

（12）用输送机敷设电缆时，所有敷设设备应固定牢固。作业人员应遵守有关操作规程，并站在安全位置，发生故障应停电处理。

（13）用滑轮敷设电缆时，作业人员应站在滑轮前进方向，不得在滑轮滚动时用手搬动滑轮。

（14）电缆展放敷设过程中，转弯处应设专人监护。转弯和进洞口前，应放慢牵引速度，调整电缆的展放形态，当发生异常情况时，应立即停止牵引，经处理后方可继续作业。穿入有运行电缆的电缆沟（层）时，应做好对临近运行电缆的保护措施，防止牵引绳索对运行电缆造成磨损，造成人员触电及损伤电缆。电缆通过孔洞或楼板时，两侧应设监护人，入口处应采取措施防止电缆被卡，不得伸手，防止被带入孔中。

（15）水底电缆施工应制定专门的施工方案、通航方案，经相关部门审批通过，并执行相应的安全措施。

（16）人工展放电缆、穿孔或穿导管时，作业人员手握电缆的位置应与孔口保持适当距离。

（17）机械敷设电缆时，牵引绳的安全系数不得小于 3。在牵引端宜制作电缆拉线头，保持匀速牵引，作业人员不得站在牵引钢丝绳内角侧。电缆敷设时应特别注意多台机械运行中的衔接配合与拐弯处的情况。

（18）在高处、临边敷设电缆时，应有防坠落措施。直接站在梯式电缆架上作业时，应核实其强度。强度不够时，应采取加固措施。不得攀登组合式电缆架、吊架和电缆。

（19）使用桥架敷设电缆前，桥架应经验收合格。高空桥架宜使用钢质材料，并设置围栏，铺设操作平台。高空敷设电缆时，若无展放通道，应沿桥架搭设专用脚手架，并在桥架下方采取隔离防护措施。若桥架下方有工业管道等设备，应经设备方确认许可。

（20）在进行高落差电缆敷设施工时，应进行相关验算，采取必要的措施防止电缆坠落。

（21）进入带电区域内敷设电缆时，应取得运维单位同意，办理工作票，设专人监护。

（22）电缆穿入带电的盘柜前，电缆端头应做绝缘包扎处理，电缆穿入时盘上应有专人接引，严防电缆触及带电部位及运行设备。

（23）电缆施工完成后应将穿越过的孔洞进行封堵。

（24）电缆直埋敷设。

1）电缆直埋敷设施工前应先查清图纸，再开挖足够数量的样洞和样沟，摸清地下管线分布情况，以确定电缆敷设位置及确保不损坏运行电缆和其他地下管线。

2）为防止损伤运行电缆或其他地下管线设施，在城市道路红线范围内不应使用大型机械来开挖沟槽，硬路面面层破碎可使用小型机械设备，但应加强监护，不准深入土层。若要使用大型机械设备时，应履行相应的报批手续。

3）掘路施工应具备相应的交通组织方案，做好防止交通事故的安全措施。施工区域应用标准路栏等严格分隔，并有明显标记，夜间施工应佩戴反光标志，施工地点应加挂警示灯，以防行人或车辆等误入。

4）沟槽开挖深度达到1.5m及以上时，应采取措施防止土层塌方。

5）沟槽开挖时，应将路面铺设材料和泥土分别堆置，堆置处和沟槽之间应保留通道供施工人员正常行走。在堆置物堆起的斜坡上不准放置工具材料等器物，以免滑入沟槽损伤施工人员或电缆。

6）挖到电缆保护板后，应由有经验的人员在场指导，方可继续进行，以免误伤电缆。

7）挖掘出的电缆或接头盒，如下面需要挖空时，应采取悬吊保护措施。电缆悬吊应每1～1.5m吊一道；接头盒悬吊应平放，不得使接头盒受到拉力；若电缆接头无保护盒，则应在该接头下垫上加宽加长木板，方可悬吊。电缆悬吊时，不得用铁丝或钢丝等，以免损伤电缆护层或绝缘。

8）移动电缆接头一般应停电进行。如需带电移动，应先调查该电缆的历史记录，由有经验的施工人员，在专人统一指挥下，平正移动，以防止损伤绝缘。

3. 电缆接头施工

（1）进行充油电缆接头安装时，应做好充油电缆接头附件及油压力箱的存放作业，并配备必要的消防器材。

（2）在电缆终端施工区域下方应设置围栏或采取其他保护措施，无关人员不得在作业地点下方通行或逗留。

（3）进行电缆终端瓷套吊装时，应采取可靠的绑扎方式，防止瓷套倾斜，并在吊装过程中做好相关的安全措施。

（4）制作环氧树脂电缆头和调配环氧树脂作业过程中，应采取有效的防毒和防火措施。

（5）开断电缆前，应与电缆走向图图纸核对相符，并使用专用仪器（如感应法）确认电缆无误并证实电缆无电后，用接地的带绝缘柄的铁钎钉入电缆芯后，方可作业。扶绝缘柄的人员应戴绝缘手套并站在绝缘垫上，并采取防灼伤措施（如戴防护面具等）。使用远控电缆割刀开断电缆时，刀头应可靠接地，周边其他作业人员应临时撤离，远控操作人员应与刀头保持足够的安全距离，防止弧光和跨步电压伤人。

（6）工井内进行电缆中间接头安装时，应将压力容器摆放在井口位置，不得放置在工井内。隧道内进行电缆中间接头安装时，压力容器应远离明火作业区域，并采取相关安全措施。

（7）对施工区域内临近的运行电缆和接头，应采取妥善的安全防护措施加以保护，避免影响正常的施工作业。

（8）使用携带型火炉或喷灯时，火焰与带电裸露部分的安全距离：电压在10kV及以下者，应大于1.5m；电压在10kV以上者，应大于3m。不得在带电导线、带电设备、变压器、油断路器附近以及在电缆夹层、隧道、沟洞内对火炉或喷灯加油、点火。在电缆沟盖板上或旁边进行动火工作时需采取必要的防火措施。

（9）热缩电缆头动火制作要求：

1）热缩电缆头制作需动火时应开具动火工作票，落实动火安全责任和措施。

2）作业场所5m内应无易燃易爆物品，通风良好。

3）火焰枪气管和接头应密封良好。

4）做完电缆头后应及时熄灭火焰枪（喷灯），并清除杂物。

4. 电缆试验

（1）电缆耐压试验前，应对设备充分放电，并测量绝缘电阻。加压端应做好安全措施，防止人员误入试验场所。另一端应设置围栏并挂上警告标志牌。如另一端在杆上或电缆开断处，应派人看守。试验区域、被试系统的危险部位或端头应设临时遮栏，悬挂“止步、高压危险！”标志牌。

（2）被试电缆两端及试验操作应设专人监护，并保持通信畅通。

（3）连接试验引线时，应做好防风措施，保证与带电体有足够的安全距离。试验引线的安全距离应符合表 1－15 的要求。更换试验引线时，应先对设备充分放电。

表 1－15　　交流和直流试验的安全距离

试验电压（kV）	安全距离（m）	试验电压（kV）	安全距离（m）
200	1.5	1000	7.2
500	3.0	1500	13.2
750	4.5		

注　1. 表中未列电压等级按高一档电压等级确定安全距离。
2. 试验电压交流为有效值，直流为最大值。
3. 适用于海拔不高于 1000m 地区，对用于海拔高于 1000m 地区，按 GB 311.1—2012《绝缘配合　第 1 部分：定义、原则和规则》中海拔校正规定进行修正。

（4）电缆试验过程中，作业人员应戴好绝缘手套并穿绝缘鞋或站在绝缘垫上。

（5）电缆耐压试验分相进行时，另外两相应可靠接地。

（6）电缆试验过程中发生异常情况时，应立即断开电源，经放电、接地后方可检查。

（7）电缆试验结束，应对被试电缆进行充分放电，并在被试电缆上加装临时接地线，待电缆尾线接通后方可拆除。

（8）电缆故障声测定点时，不得直接用手触摸电缆外皮或冒烟小洞，以免触电。

（9）遇有雷雨及五级以上大风时应停止户外高压试验。

第四节　现场标准化措施方案的编制和应用

一、项目管理实施规划

项目管理实施规划应在施工合同签订后、工程开工前由施工项目部项目经理组织编制，施工单位相关职能管理部门审核，施工单位技术负责人审批。文件封面的落款为施工单位名称，并加盖施工单位章，报监理项目部审查，业主项目部批准后组织实施。

项目管理实施规划编制要点：

（1）文件的内容完整，施工总进度计划满足合同工期，能够保证施工的连续性、紧凑性、均衡性。

（2）总体施工方案在技术上可行，经济上合理，施工工艺先进，满足施工总进度计划要求，安全文明施工、环保措施得当。

（3）施工现场平面布置合理，符合工程安全文明施工总体策划，与施工总进度计划相适应，考虑了施工机具、材料、设备之间在空间和时间上的协调。

（4）资源供应计划与施工总进度计划和施工方案相一致。

项目管理实施规划模板详见附录 A－1。

二、施工安全管控措施

施工安全管控措施应在工程开工前由施工项目部项目总工组织编制，施工单位相关职能管理部门审核，施工单位分管领导审批。文件封面的落款为施工单位名称，并加盖施工单位章，报监理项目部审查，业主项目部批准后组织实施。

施工安全管控措施编制要点：

（1）文件的内容完整。

（2）现场安全管控措施、风险管理、文明施工管理、环保及水土保持措施有效齐全。

（3）施工现场总平面布置合理。

（4）安全文明施工设施、安全标牌齐全、标准、有效，设置合理。

（5）安全分包管理、隐患排查和安全检查、信息管理、安全量化考核内容完整。

施工安全管控措施模板详见附录 A－2。

三、一般施工方案

一般施工方案应在分部工程动工前由施工项目部项目技术员编制，施工项目部安全、质量管理人员审核，施工项目部项目总工审批。文件封面的落款为施工项目部全称，盖施工项目部章，报监理项目部审查后组织实施。

一般施工方案编制要点：

（1）文件的内容完整。

（2）施工方案（措施）制定的施工工艺流程合理，施工方法得当、先进，有利于保证工程质量、安全、进度。

（3）质量保证措施有效，针对性强，工程创优措施有效落实。

四、专项施工方案

专项施工方案应在分部工程动工前由施工项目部项目总工组织编制，施工单位相关职能管理部门审核，施工单位技术负责人审批，并附安全验算结果。文件封面的落款为施工单位名称，盖施工单位章，报监理项目部审查后组织实施。对深基坑、高大模板及脚手架、大型起重机械安拆及作业、重要的拆除爆破等超过一定规模的危险性较大的分部分项工程专项施工方案（含安全技术措施），施工单位还应按国家有关规定组织专家进行论证，报监理项目部审查，业主项目部批准后组织实施。

专项施工方案编制要点：

（1）同“一般施工方案”编制要点。

（2）对于超过一定规模的危险性较大的分部分项工程专项施工方案，施工单位根据论证报告已修改完善专项方案。

输变电工程建设专项施工方案编制的范围详见附录 A-3。

第二章

保证安全的组织措施和技术措施

第一节　保证安全的组织措施

保证作业现场安全的组织措施包括：作业风险识别、评估、预控，施工作业票，作业开工，作业监护，作业间断、转移、终结。

一、作业风险、评估、预控

（1）施工作业票签发人或工作负责人在作业前应组织开展作业风险评估，确定作业风险等级。

（2）作业前，应通过改善人、机、料、法、环等要素，降低施工作业风险。作业中，采取组织、技术、安全和防护等措施控制风险。

（3）当作业风险因素发生变化时，应重新进行风险评估。

（4）对评估风险等级为三级及以上的作业，应组织作业现场勘察，并填写现场勘察记录，现场勘察应满足下列要求：

1）现场勘察应由施工作业票签发人或工作负责人组织，安全、技术等相关人员参加。

2）现场勘察应察看施工作业现场周边有无影响作业的建构筑物、地下管线、邻近设备、交叉跨越及地形、地质、气象等作业现场条件以及其他影响作业的风险因素，并提出安全措施和注意事项。

3）现场勘察记录应送交施工作业票签发人、工作负责人及相关各方，作为填写、签发施工作业票等的依据。

4）施工作业票签发人或工作负责人在作业前应重新核对现场勘察情况，发现与原勘察情况有变化时，应及时修正、完善相应的安全措施。

（5）二级及以上风险作业项目应发布风险预警。

（6）作业人员或机械器具与带电线路及其他带电体的最小距离小于表2－1中的控制值，施工项目部应进行现场勘察，修订完善施工方案，并将修订后的施工方案提交运维单位备案。

表2－1　作业人员或机械器具与带电线路及其他带电体风险控制值

电压等级（kV）	控制值（m）	电压等级（kV）	控制值（m）
≤10	4.0	±50 及以下	6.5
20～35	5.5	±400	12.6
66～110	6.5	±500	13.0
220	8.0	±660	15.5
330	9.0	±800	17.0
500	11.0	±1100	24.0
750	14.5		
1000	17.0		

注　流动式起重机、混凝土泵车、挖掘机等施工机械作业，应考虑施工机械回转半径对安全距离的影响。

二、施工作业票

施工作业前，四、五级风险作业填写输变电工程施工作业A票，三级及以上风险作业填写输变电工程施工作业B票。

1. 填写与使用

（1）作业前，由工作负责人填写施工作业票。一张施工作业票中工作负责人、签发人不得为同一人。

（2）施工作业票采用手工方式填写时，应用黑色或蓝色的钢笔或水笔填写和签发；施工作业票上的时间、工作地点、主要内容、主要风险、安全措施等关键字不得涂改。

（3）用计算机生成或打印的施工作业票应使用统一的票面格式，由施工作业票签发人审核，手工或电子签发后方可执行。

（4）施工作业票签发后，工作负责人应按照施工作业票要求，提前做好作业前的准备工作。

（5）一个工作负责人同一时间只能使用一张施工作业票。

（6）一张施工作业票可用于不同地点、同一类型、依次进行的施工作业。

（7）若作业人员较多，可指定专责监护人，并单独进行安全交底。

（8）已签发或批准的施工作业票应由工作负责人收执，签发人宜留存备份。

（9）施工作业票有破损不能继续使用时，应补填新的施工作业票，并重新履行签发手续。

（10）还应遵守 Q/GDW 12152—2021《输变电工程建设施工安全风险管理规程》有关规定：

1）四、五级风险作业填写输变电工程施工作业 A 票，由班组安全员、技术员审核后，项目总工签发；三级及以上风险作业填写输变电工程施工作业 B 票，由项目部安全员、技术员审核后，项目经理签发后报监理审核后实施。涉及二级风险作业的 B 票还需报业主项目部审核后实施。填写施工作业票，应明确施工作业人员分工。

2）一个班组同一时间只能执行一张施工作业票，一张施工作业票可包涵最多一项三级及以上风险作业和多项四级、五级风险作业，按其中最高的风险等级确定作业票种类。作业票终结以最高等级的风险作业为准，未完成的其他风险作业延续到后续作业票。

3）同一张施工作业票中存在多个作业面时，应明确各作业面的安全监护人。

4）同一张作业票对应多个风险时，应综合选用相应的预控措施。

5）对于施工单位委托的专业分包作业，可由专业分包商自行开具作业票。专业分包商需将施工作业票签发人、工作负责人、安全监护人报施工项目部备案，经施工项目部培训考核合格后方可开票。

6）对于建设单位直接委托的变电站消防工程作业、钢结构彩板安装施工作业、装配式围墙施工、图像监控等，涉及专业承包商独立完成的作业内容，由专业承包商将施工作业票签发人、工作负责人、安全监护人报监理项目部备案，监理项目部负责督促专业承包商按要求开具作业票。

7）不同施工单位之间存在交叉作业时，应知晓彼此的作业内容及风险，并在相关作业票中的“补充控制措施”栏，明确需采取的措施。

8）施工作业票使用周期不得超过 30 天。

2. 变更

（1）施工周期超过一个月或一项施工作业工序已完成、重新开始同一类型其他地点的作业，应重新审查安全措施和交底。

（2）需要变更作业成员时，应经工作负责人同意，在对新的作业人员进行安全交底并履行确认签字手续后，方可进行工作。

（3）工作负责人若因故暂时离开工作现场时，应指定能胜任的人员临时代替，离开前应将工作交待清楚，并告知作业班成员。原工作负责人返回工作现场时，也应履行同样的交接手续。

（4）工作负责人允许变更一次，并经签发人同意，并在施工作业票上做好变更记录；变更后，原、现工作负责人应对工作任务和安全措施进行交接，并告知全部作业人员。

（5）变更工作负责人或增加作业任务，若施工作业票签发人无法当面办理，应通过电话联系，并在施工作业票备注栏内注明需要变更工作负责人姓名和时间或增加的作业任务。

（6）作业现场风险等级等条件发生变化，应完善措施，重新办理施工作业票。

3. 有关人员条件

（1）施工作业票签发人应由熟悉人员技术水平、现场作业环境和流程、设备情况及《电建安规》，并具有相关工作经验的工程安全技术人员担任，名单经其单位考核、批准并公布。

（2）工作负责人应由有专业工作经验、熟悉现场作业环境和流程、工作范围的人员担任，名单经施工项目部考核、批准并公布。

（3）专责监护人应由具有相关专业工作经验，熟悉现场作业情况和《电建安规》的人员担任。

（4）专业分包单位的施工作业票签发人、工作负责人的名单经分包单位批准公布后报承包单位备案。

4. 有关人员责任

（1）施工作业票签发人。

1）确认施工作业的安全性。

2）确认作业风险识别准确性。

3）确认施工作业票所列安全措施正确完备。

4）确认所派工作负责人和作业人员适当、充足。

（2）工作负责人（监护人）。

1）正确组织施工作业。

2）检查施工作业票所列安全措施是否正确完备，是否符合现场实际条件，必要时予以补充完善。

3）施工作业前，对全体作业人员进行安全交底及危险点告知，交待安全措施和技术措施，并确认签字。

4）组织执行施工作业票所列由其负责的安全措施。

5）监督作业人员遵守《电建安规》、正确使用劳动防护用品和安全工器具以及执行现场安全措施。

6）关注作业人员身体状况和精神状态是否出现异常迹象，人员变动是否合适。

7）指定现场专责监护人，对监护对象履行监护职责。

（3）专责监护人。

1）明确被监护人员和监护范围。

2）作业前，对被监护人员交待监护范围内的安全措施、告知危险点和安全注意事项。

3）检查作业场所的安全文明施工状况，督促问题整改，监督被监护人员遵守《电建安规》和执行现场安全措施，及时纠正被监护人员的不安全行为。

（4）作业人员。

1）熟悉作业范围、内容及流程，参加作业前的安全交底，掌握并落实安全措施，知晓作业中的危险点，并在施工作业票上签字。

2）服从工作负责人、专责监护人的指挥，严格遵守《电建安规》和劳动纪律，在指定的作业范围内工作，对自己在工作中的行为负责，互相关心工作安全。

3）正确使用施工机具、安全工器具和个人安全防护用品、劳动防护用品。

（5）监理人员。

1）审查风险控制措施的有效性。

2）对作业过程进行巡视、监督。

3）及时纠正作业人员存在的不安全行为。

（6）业主项目部人员。

1）开展到岗到位监督，核查二级风险作业现场的参建单位应到位人员。

2）检查现场作业风险控制措施落实情况。

三、作业开工

（1）作业票签发后，工作负责人应向全体作业人员交待作业任务、作业分工、安全措施和注意事项，告知风险因素，并履行签名确认手续后，方可下达开始作业的命令；工作负责人、专责监护人应始终在工作现场。其中输变电工程施工作业票 B 由监理人员现场确认安全措施，并履行签名许可手续。

（2）多日作业，工作负责人应每天检查、确认安全措施，告知作业人员安全注意事项，方可开工。

四、作业监护

（1）工作负责人在作业过程中监督作业人员遵守《电建安规》和执行现场安全措施，及时纠正不安全行为。

（2）应根据现场安全条件、施工范围和作业需要，增设专责监护人，并明确其监护内容。

（3）专责监护人不得兼做其他工作，临时离开时，应通知作业人员停止作业或离开作业现场。专责监护人需长时间离开作业现场时，应由工作负责人变更专责监护人，履行变更手续，告知全体被监护人员。

五、作业间断、转移、终结

（1）遇雷、雨、大风等情况威胁到人员、设备安全时，工作负责人或专责监护人应下令停止作业。

（2）每天收工或作业间断，作业人员离开作业地点前，应做好安全防护措施，必要时派人看守，防止人、畜接近挖好的基坑等危险场所，恢复作业前应检查确认安全保护措施完好。

（3）使用同一张施工作业票依次在不同作业地点转移作业时，应重新识别评估风险，完善安全措施，并重新履行交底手续。

（4）作业完成后，应清扫整理作业现场，工作负责人应检查作业地点状况，落实现场安全防护措施，并向施工作业票签发人汇报。

（5）施工作业票应保存至工程项目竣工。

第二节　保证安全的技术措施

保证作业现场安全的技术措施应包括工地运输、基础施工、杆塔施工、架线施工及线路拆旧等安全技术措施。本节仅对常用的施工方法列举了相关的安全技术措施，其他施工方法根据实现情况具体制定。

一、工地运输

1. 人力、车辆或畜力运输（含栈桥搭设、拆除施工）

（1）事先清理路面障碍物，山区抬运笨重物件或钢筋混凝土电杆的道路，宽度不小于1.2m，坡度不大于1:4。

（2）搬运较大或笨重器材时，事先判别物体的重心位置，选择抬运工具和绑扎工具，使抬运人员承力均衡。

（3）重大物件不得直接用肩扛运。多人抬运物件时设专人指挥，口令步伐一致，同起同落。

（4）每次使用前做检查工器具牢固可靠。

（5）雨雪天后抬运物件时，有防滑措施。在陡坡地段抬运，适当减轻人均抬重。

（6）用跳板或圆木装卸滚动物件时，用绳索等措施加以控制，物件滚落前方不得有人。

（7）圆管形构件卸车时，车辆不停在有坡度的路面上；每卸一件，其余掩牢；每卸完一处，牢固绑扎剩余管件后方可继续运输。

（8）施工车辆在运输时，遵守车辆交通规则。出车前，要对车辆外观和刹车系统进行检查：车厢板连接挂钩无裂纹；栏杆无开焊现象；车厢与车体连接的销子无丢失；轮胎气压正常等，对查出的隐患及时消除。运输途中加强检查，物件有松动的及时紧固和调整。

（9）控制车速，保持车距，弯道减速慢行，禁止弯道超车。

（10）运输超高、超长、超重货物时，车辆尾部设警告标志。超长架与车厢固定，物件与超长架及车厢捆绑牢固。必须到道路交通管理部门办理有关运输手续许可后方可实施。

（11）运输前必须熟悉运输道路，掌握所通过的桥梁、涵洞及穿越物的稳定性和高度，必要时进行加固、修复。

（12）严禁在路况、气象不佳的情况下强行乘坐交通工具。

（13）严禁人员与设备、材料混装，严禁乘坐非载人车辆。除押运和装卸人员外，载货机动车不得搭乘其他施工人员，押运或装卸人员处于安全位置。

（14）山地运输的马匹、骡子等经专门驯养。驯养人员经安全培训，执行山地运输规定。

（15）单体畜力载货重量不得超过200kg，驮运塔材等长件的牲畜由驯养员驾驭。

（16）运输货物过程中，禁止人员骑驭牲畜，禁止超时使用。

（17）停放卸货或暂停作业时须拴系牲畜。

（18）钢管桩必须采用无明显缺陷、变形，接头焊缝饱满良好。

（19）桩基施工前进行试验桩施工，确定最后振动时间，入土深度及贯入度。

（20）钢管桩是施工过程中应严格控制桩顶标高，且钢管桩垂直度满足小于1%的要求。

（21）钢便桥施工期间，按规定设置水上交通指示灯，必须做好水面通航水域的施工安全标志。

（22）定期对便桥各部位进行运营检查，并记录各构件的安装、连接及焊缝等的运营磨损状况。

（23）露出水面部分，在横向和纵向分别增设剪刀撑，采用槽钢焊接加固，以使钢管桩的承载力形成统一受力整体，增加钢管桩基础的稳定性。

（24）安装时，不得进行斜吊，吊桩前，在钢管桩上拴好拉绳，不得与桩锤或机架碰撞。严禁吊桩、吊锤、回转、行走等动作同时进行。打桩机在吊有桩和锤的情况下，操作人员不得离开岗位。打桩前，加强对桩机的检查。

（25）水上打桩作业时，作业人员配备救生衣等防护用品，防止溺水伤亡事故发生。

（26）施工危险区域设置醒目的警示标志，晚上要有足够的照明。

（27）便桥栏杆处放置部分救生圈。水深段设置防护网。

2. 金属索道架设及运输

（1）索道架设按施工方案选用承力索、支架等设备及部件。2000kg、4000kg

索道使用金属支架，严禁使用木质支架。

（2）驱动装置严禁设置在承载索下方。山坡下方的装、卸料处设置安全挡。

（3）索道装置应经过使用单位验收合格后方可投入运输作业。

（4）在工作索与水平面的夹角在 15° 以上的下坡侧料场，设置限位装置。

（5）运输索道正下方左右各 10m 的范围为危险区域，设置明显醒目的警告标志，并设专人监管，禁止人畜进入。投入运输前经验收合格。

（6）提升工作索时防止绳索缠绕且慢速牵引，架设时严格控制弛度。

（7）一个张紧区段内的承载索，采用整根钢丝绳，规格满足要求；返空索直径不宜小于 12mm；牵引索采用较柔软、耐磨性好的钢丝绳，规格满足要求。

（8）索道支架宜采用四支腿外拉线结构，支架拉线对地夹角不超过 45° 。支架基础位于边坡附近时，应校验边坡稳定性，必要时在周围设置防护及排水设施。货物通过支架时，其边缘距离支架支腿不得小于 100mm。支架承载的安全系数不小于 3。

（9）循环式索道驱动装置应采用摩擦式驱动装置，卷筒的抗滑安全系数在正常运行时不得小于 1.5。

（10）索道架设后在各支架及牵引设备处安装临时接地装置。

（11）索道运输前必须确保沿线通信畅通。

（12）定期检查承载索的锚固、拉线、各种索具、索道支架，并做好相关检查记录。牵引索的钳口在使用过程中应经常检查，定期更换。

（13）小车与跑绳的固定应采用双螺栓，且必须紧固到位，防止滑移脱落。

（14）索道运输时装货严禁超载，严禁运送人员，索道下方严禁站人，驱动装置未停机装卸人员严禁进入装卸区域。山坡下方的装、卸料处设置安全挡。

（15）索道每天运行前，检查索道系统各部件是否处于完好状态，开机空载运行时间不少于 2min，发现异常及时处理。

（16）严禁装卸笨重物件，派专人监护，对索道下方及绑扎点进行检查。

（17）循环式索道驱动装置采用摩擦式驱动装置，卷筒的抗滑安全系数在最不利载荷情况下启动或制动时，不得小于 1.25。最高运行速度不宜超过 60m/min。卷筒上的钢索至少缠绕 5 圈。

二、基础施工

1. *土石方开挖*

（1）应配备良好通风设备。每日开工前必须检测井下有无有毒、有害气体和含氧量，并应有足够的安全防护措施。设置安全监护人，配备上、下通信设备。

（2）规范设置供作业人员上下基坑的安全通道（梯子），基坑边缘按规范要求设置安全护栏。

（3）规范设置弃土提升装置，确保弃土提升装置安全性、稳定性。基坑深度达 2m 时，必须用取土器械取土；人力提土绞架刹车装置、电动葫芦提土机械自动卡紧保险装置应安全可靠。

（4）提土斗应为软布袋或竹篮等轻型工具，吊运土不得满装，吊运土方时孔内人员靠孔壁站立。

（5）在扩孔范围内的地面上不得堆积土方。

（6）坑边如需堆放材料机械，必须经设计计算确定放坡系数，必要时采取支护措施。

（7）先清除山坡上方浮土、石；土石滚落下方不得有人。

（8）基坑顶部按设计规范要求设置截水沟。边坡开挖时，由上往下开挖，依次进行。不得上、下坡同时撬挖。

（9）一般土质条件下弃土堆底至基坑顶边距离不小于 1m，弃土堆高不大于 1.5m，垂直坑壁边坡条件下弃土堆底至基坑顶边距离不小于 3m。不得在软土场地的基坑边堆土。

（10）土方开挖过程中必须观测基坑周边土质是否存在裂缝及渗水等异常情况，适时进行监测。

（11）挖土区域设警戒线，各种机械、车辆严禁在开挖的基础边缘 2m 内行驶、停放。

（12）上下基坑时不得拉拽，不得在基坑内休息。

（13）人工开挖深度超 5m 时，按设计要求采取相应护壁措施防止塌方，第一节护壁应高出地面 150～300mm，壁厚比下层护壁厚度增加 100～150mm，便于挡土、挡水。

（14）设置盖板或安全防护网，防止落物伤人。

（15）坑底面积超过 $2m^2$ 时，可由 2 人同时挖掘，但不得面对面作业。

（16）底盘扩底及基坑清理时应遵守掏挖基础的有关安全要求。

（17）坑模成型后，及时浇灌混凝土，否则采取防止土体塌落的措施。

2. 模板施工

（1）作业人员上下基坑时有可靠的扶梯，不得相互拉拽、攀登挡土板支撑上下。作业人员不得在基坑内休息。

（2）高处作业脚穿防滑鞋，佩戴安全带并保持高挂低用。

（3）坑边 1m 内禁止堆放材料和杂物。坑内使用的材料、工具禁止上下抛掷。

（4）人力安装模板构件，用抱杆吊装和绳索溜放，不得直接将其翻入坑内。

（5）模板的支撑牢固，并对称布置，高出坑口的加高立柱模板有防止倾覆的措施；模板采用木方加固时，绑扎后处理铁丝末端。

（6）作业人员在架子上进行搭设作业时，不得单人进行装设较重构配件和其他易发生失衡、脱手、碰撞、滑跌等不安全的作业。

（7）支撑架搭设区域地基回填土必须回填夯实。

（8）夜间施工时，施工照明充足，不得存在暗角。对于出入基坑处，设置长明警示灯。所有灯具应有防雨、防水措施。

3. 混凝土浇筑

（1）作业人员上下基坑时有可靠的扶梯，不得相互拉拽、攀登挡土板支撑上下。作业人员不得在基坑内休息。

（2）施工人员正确使用个人安全防护用品。严禁穿短袖、短裤、拖鞋进行作业。

（3）在下钢筋笼时设置控制绳，控制钢筋笼的方向。地脚螺栓或插入式角钢有固定支架，支架牢固可靠。

（4）浇筑混凝土平台跳板材质和搭设符合要求，跳板捆绑牢固，支撑牢固可靠，有上料通道。上料平台不得搭悬臂结构，中间设支撑点并结构可靠，平台设护栏。

（5）大坑口基础浇制时，搭设的浇制平台要牢固可靠，平台横梁加撑杆。

（6）发电机、搅拌机、振动棒等单独设开关或插座，并装设剩余电流动作保护器（漏电保护器），金属外壳接地，搅拌机、振捣器电源线架空。

（7）机电设备使用前进行全面检查，确认机电装置完整、绝缘良好、接地可靠。

（8）施工中应经常检查脚手架或作业平台、基坑边坡、安全防护设施等，发现异常情况及时处理。料斗下方不得有人。

（9）基坑口搭设卸料平台，平台平整牢固，用手推车运送混凝土时，倒料平台口应设挡车措施；倒料时严禁撒把。

（10）卸料时前台下料人员协助卸料，基坑内不得有人；前台下料作业要坑上坑下协作进行，严禁将混凝土直接翻入基础内。

（11）投料高度超过 2m 应使用溜槽或串筒下料，串筒宜垂直放置，串筒之间连接牢固，串筒连接较长时，挂钩应予加固。严禁攀登串筒进行清理。

（12）电动振捣器操作人员戴绝缘手套、穿绝缘靴。移动振捣器或暂停作业时，先关闭电动机，再切断电源，相邻的电源线严禁缠绕交叉。在桩孔内严禁使用燃油动力振捣机械设备。

（13）设计坑深 5m 及以上的人工挖孔桩的钢筋绑扎和振捣作业前，必须检测有无有毒、有害气体和含氧量，并应有足够的安全防护措施。

（14）采用商混浇筑基础，应遵守下列规定：

1）运输混凝土前确认运输路况、停车位、泵送方式等符合运送规定和条件。

2）运送中将滑斗放置牢固，防止摆动，避免伤及行人或影响其他车辆正常运行。

3）在检查、调整、修理输送管道或液压传动部分时，应使发动机和液压泵在零压力的状况下进行。

（15）夜间施工时，施工照明充足，不得存在暗角。对于出入基坑处，设置长明警示灯。所有灯具有防雨、防水措施。

（16）拆除模板自上而下进行，集中堆放拆下的模板，及时拔掉或打弯木模板外露的铁钉。

（17）高处拆除时，作业人员不得站在正在拆除的模板上。拆卸卡扣时应由两人在同一面模板的两侧进行。

（18）钢模板拆除时，U 型卡和 L 型插销应逐个拆卸，防止整体塌落。

（19）基础养护人员不得在模板支撑上或在易塌落的坑边走动。使用刷涂过氯乙烯塑料薄膜养护基础时，有防火、防毒措施。

（20）当采用蒸气养护混凝土，设防护围栏和安全标志；采用电热养护，测温时先停电。棚内采用碳炉保温、养护时，棚内配置足够的消防器材，作业人员进棚作业前，采取通风措施，防止一氧化碳中毒。

三、杆塔施工

1. 内悬浮内（外）拉线抱杆组立杆塔

（1）绞磨应放置在主要吊装面侧面，当杆塔全高大于 33m 时，绞磨距杆塔中心的距离不应小于 40m，当杆塔全高小于或等于 33m 时，绞磨距杆塔中心的距离不应小于杆塔全高的 1.2 倍，绞磨摆设位置应平整，放置平稳。场地不满足要求时，增加相应的安全措施。

（2）保证指挥人员能看清作业地点或操作人员能看清指挥信号。

（3）塔脚板就位后，上齐匹配的垫板和螺帽，组立完成后拧紧螺帽及打毛丝扣。

（4）杆塔塔腿段组装完毕后，应立即安装杆塔接地，接地电阻要符合设计要求。

（5）受力地锚、铁桩牢固可靠，埋深符合施工方案要求，回填土层逐层夯实。严禁利用树木或裸露的岩石作作业受力地锚。

（6）调整绳方向视吊片方向而定，距离应保证调整绳对水平地面的夹角不大于 45°，可采用桩锚、地钻或小号地锚固定。对于山区特殊地形情况大于 45°时应考虑采用其他措施。

（7）牵引转向滑车地锚一般利用基础或塔腿，但必须经过计算并采取可靠保护措施。

（8）采用角铁桩、钢管桩等地锚时，一组地锚上应控制一根拉绳。

（9）各种锚桩回填时有防沉措施，并覆盖防雨布并设有排水沟或截水沟。下雨后及时检查地锚埋设情况，如有土质下沉、流失等情况及时回填。

（10）拉线必须满足与带电体安全距离规定的要求。如不能满足要求的安全距离时，应按照带电作业工作或停电进行。内拉线平面与抱杆夹角不应小于 15°。外拉线平面与抱杆夹角不应小于 45°。

（11）地锚埋设应设专人检查验收，回填土层应逐层夯实。

（12）组立杆塔前，应根据作业指导书的要求分拉线坑，各拉线间距及拉线对地角度要符合措施要求，现场负责检查。

（13）作业前检查杆塔是否可靠接地。检查金属抱杆的整体弯曲不超过杆长的1/600。严禁抱杆违反方案超长使用。

（14）高处作业人员要衣着灵便，穿软底防滑鞋，使用全方位安全带、攀登自锁器及速差自控器等防坠装置，挂设在牢靠的部件上，且不得低挂高用。

（15）抱杆根部采取防滑与防沉措施。抱杆无法一次整体起立时，多次对接组立应采取倒装方式，禁止采用正装方式对接组立悬浮抱杆。

（16）作业前校核抱杆系统布置情况。对抱杆、起重滑车、吊点钢丝绳、承托钢丝绳等主要受力工具进行详细检查，严禁以小带大或超负荷使用。

（17）钢丝绳端部用绳卡固定连接时，绳卡压板应在钢丝绳主要受力的一边，且绳卡不得正反交叉设置；绳卡间距不应小于钢丝绳直径的6倍；绳卡数量应符合规定。

（18）在抱杆起立过程中，根部看守人员根据抱杆根部位置和抱杆起立程度指挥制动人员回松制动绳；制动绳人员根据指令同步均匀回松，不得松落。

（19）杆塔地面组装场地应平整，障碍物应清除。

（20）仔细核对施工图纸的吊段参数，严格按照施工方案控制单吊重量，严禁超重起吊。

（21）山地地面组装时，杆塔地面组装时塔材不得顺斜坡堆放，选料应由上往下搬运，不得强行拽拉，山坡上的塔片垫物应稳固，且应有防止构件滑动的措施，组装管形构件时，构件间未连接前应采取防止滚动的措施。

（22）塔材组装连铁时，应用尖头扳手找孔，如孔距相差较大，应对照图纸核对件号，不得强行敲击螺栓。任何情况下禁止用手指找正。

（23）起吊时吊物下方不得有人，受力钢丝绳的内角侧不得有人。

（24）承托绳的悬挂点应设置在有大水平材的塔架断面处，若无大水平材时应验算塔架强度，必要时应采取补强措施。

（25）承托绳应绑扎在主材节点的上方。承托绳与主材连接处宜设置专门夹具，夹具的握着力应满足承托绳的承载能力。承托绳与抱杆轴线间夹角不应大于45°。

（26）抱杆提升前，将提升腰滑车处及其以下塔身的辅材装齐，并紧固螺栓，承托绳以下的塔身结构必须组装齐全，主要构件不得缺少。

（27）提升抱杆应设置两道腰环，两道腰环之间的距离应根据抱杆长度合理设置，以保持抱杆的竖直状态，起吊过程中抱杆腰环不得受力。

（28）吊装过程，施工现场任何人发现异常应立即停止牵引，查明原因，作出妥善处理，不得强行吊装。

（29）杆塔高度大于 100m 时，组立过程中抱杆顶端应设置航空警示灯或红色旗号。

（30）起吊前，将所有可能影响就位安装的“活铁”固定好。吊件在起吊过程中，下控制绳应随吊件的上升随之送出，保持与塔架间距不小于 100mm。

（31）组装杆塔的材料及工器具禁止浮搁在已立的杆塔和抱杆上。

（32）工具或材料要放在工具袋内或用绳索绑扎，上下传递用绳索吊送，严禁高空抛掷或利用绳索或拉线上下杆塔或顺杆下滑。

（33）吊点绑扎要设专人负责，绑扎要牢固，在绑扎处塔材做防护，对须补强的构件吊点予以可靠补强。

（34）磨绳缠绕不得少于 5 圈，拉磨尾绳不应少于 2 人，人员应站在锚桩后面，并不得站在绳圈内。

（35）吊装过程，施工现场任何人发现异常应立即停止牵引，查明原因，作出妥善处理，不得强行吊装。

（36）构件起吊和就位过程中，不得调整抱杆拉线。

（37）拆除过程中要随时拆除腰环，避免卡住抱杆。当抱杆剩下一道腰环时，为防止抱杆倾斜，应将吊点移至抱杆上部，循环往复，将抱杆拆除。

（38）直流线路杆塔分段吊装横担时，要对辅助抱杆的规格、铰接点的受力进行验算。

（39）全高为 80m 及以上的杆塔组立时，应遵守下列规定：

1）编写专项施工方案。

2）高塔作业应增设水平移动保护绳。

3）作业人员上下杆塔应沿脚钉或爬梯攀登；在间隔大的部位转移作业位置时，应增设临时扶手，不得沿单根构件上爬或下滑。

2. 起重机组立杆塔

（1）施工前根据施工方案和杆塔高度及分片、段重量合理选择配备起重设备及工器具。

（2）所有设备及工器具要进行定期维护保养。

（3）起重指挥人员应熟悉起重设备性能，严禁超负荷吊装。主要受力工器具应符合技术检验标准，并附有许用荷载标志；使用前必须进行检查，不合格者严禁使用，严禁以小代大，严禁超载使用。

（4）起重机工作位置的地基必须稳固，附近的障碍物应清除。

（5）杆塔地面组装场地平整，障碍物应清除，塔材不得顺斜坡堆放，山坡上的塔片垫物应稳固，且有防止构件滑动的措施，组装管形构件时，构件间未连接前采取防止滚动的措施。

（6）仔细核对施工图纸的吊段参数，严格按照施工方案控制单吊重量，严禁超重起吊。

（7）塔材组装连铁时，应用尖头扳手找孔，如孔距相差较大，应对照图纸核对件号，不得强行敲击螺栓。任何情况下禁止用手指找正。

（8）作业时重点强调，起吊作业时，组装应停止作业，严格做到起吊时吊物下方无作业人员。

（9）起重臂下和重物经过的地方禁止有人逗留或通过。

（10）起重机作业位置的地基稳固，附近的障碍物清除。衬垫支腿枕木不得少于两根且长度不得小于 1.2m。认真检查各起吊系统，具备条件后方可起吊。

（11）起重机吊装杆塔必须指定专人指挥。指挥人员看不清作业地点或操作人员看不清指挥信号时，均不得进行起吊作业。

（12）施工前仔细核对施工图纸的吊段参数（杆塔型、段别组合、段重），严格施工方案控制单吊重量。

（13）吊装杆塔前，应对已组塔段（片）进行全面检查。起重臂及吊件下方划定作业区，地面设安全监护人，吊件垂直下方不得有人。

（14）当风速达到六级及以上或大雨、大雪、大雾等恶劣天气时，停止露天的起重吊装作业。重新作业前，先试吊，并确认各种安全装置灵敏可靠后进行作业。

（15）吊件离开地面约 100mm 时暂停起吊并进行检查，确认正常且吊件上无搁置物及人员后方可继续起吊。

（16）分段吊装杆塔时，上下段间有任一处连接后，不得用旋转起重臂的方法进行移位找正。分段分片吊装杆塔时，控制绳应随吊件同步调整。

（17）起重机在作业中出现异常时，应采取措施放下吊件，停止运转后进行检修，不得在运转中进行调整或检修。

（18）高处作业人员在转移作业位置时不得失去保护，手扶的构件必须牢固。在间隔大的部位转移作业位置时，增设临时扶手，不得沿单根构件上爬或下滑。

四、架线施工

1. 跨越架搭设

（1）搭设跨越架，应事先与被跨越设施的产权单位取得联系，必要时应请其派员监督检查。

（2）跨越架立杆埋深不得少于 0.5m，支杆埋深不得少于 0.3m；钢管跨越架立杆底部必须设置金属底座或垫木，并设置扫地杆，组立后及时做好接地措施。跨越架两端及每隔 6～7 根立杆设剪刀撑杆、支杆和拉线，拉线与地面夹角不得大于 60°。确保跨越架整体结构的稳定。跨越架强度应足够，能够承受牵张过程中断线或跑线时的冲击力。

（3）跨越架的立杆、大横杆及小横杆的间距不得大于《电建安规》规定要求。

（4）钢格构式跨越架组立后，及时做好接地措施；跨越架的各个立柱设置独立的拉线系统。

（5）强风、暴雨过后应对跨越架进行检查，确认合格后方可使用。

（6）跨越架悬挂醒目的安全警告标志、夜间警示装置和验收标志牌。

（7）跨越架、操作人员、工器具与带电体之间的最小安全距离必须符合《电建安规》规定，施工人员严禁在跨越架内侧攀登或作业，严禁从封顶架上通过。

（8）各类型金属跨越架架顶设置挂胶滚筒或挂胶滚动横梁。

（9）各种锚桩回填时有防沉措施，并覆盖防雨布并设有排水沟或截水沟。下雨后及时检查地锚埋设情况，如有土质下沉、流失等情况及时回填。

（10）附件安装完毕后方可拆除跨越架，拆除时不得抛扔，不得上下同时拆架，不得将跨越架整体推倒。

（11）拆跨越架时应自上而下逐根进行，架片、架杆应有人传递或绳索吊送，不得抛扔，严禁将跨越架整体推倒。当拆跨越架的撑杆时，需要在原撑杆的位置绑手溜绳，避免因撑杆撤掉后跨越架整片倒落。

（12）拆除跨越架时应保留最下层的撑杆，待横杆都拆除后，利用支撑杆放倒立杆，做好现场安全监护。

（13）采用提升架拆除金属格构式跨越架架体时，应控制拉线并用经纬仪监测垂直度。

2. 导引绳展放

（1）抗弯连接器、旋转连接器的规格要符合技术要求。使用前，检查外观应完好无损，转动灵活无卡阻现象。禁止超负荷使用。

（2）导引绳、牵引绳的端头连接部位在使用前应由专人检查，有钢丝绳损伤等情况不得使用。发现有裂纹、变形、磨损严重或连接件拆卸不灵活时禁止使用。

（3）连接器不宜长期挂在线路中。

（4）连接器的横销应拧紧到位。与钢丝绳或网套连接时应安装滚轮并拧紧横销。

（5）杆塔组立分部工程已经转序验收并取得转序通知书。

（6）在展放牵引绳时重要跨越设信号员。

（7）引绳或牵引绳的连接应用专用连接工具。牵引绳与导线、地线（光缆）连接应使用专用连接网套或专用牵引头。

（8）要可靠的通信系统。通信联络点不得缺岗，通信应畅通。

（9）关键部位无塔材缺失。

（10）牵引机一般布置在线路中心线上，顺线路布置。牵引机进出口与邻塔悬挂点的高差角及与线路中心线的夹角满足：与邻塔边线放线滑车水平夹角不应大于 7°，大于 7° 应设置转向滑车。如需转向，需使用专用的转向滑车，锚固必须可靠。各转向滑车的荷载应均衡，不得超过其允许承载力。

（11）锚线地锚位置应在牵引机前 5m 左右，与邻塔导线挂线点间仰角不得大于 25°。

（12）牵引机进线口、张力机出线口与邻塔导线悬挂点的仰角不宜大于 15°，俯角不宜大于 5°。牵引设备锚固应可靠，牵引机设置单独接地，牵引绳必需使用接地滑车进行可靠接地。张力机应设置单独接地，避雷线必须使用接地滑车进行可靠接地。

（13）牵引机卷扬轮、张力机张力轮的受力方向必须与其轴线垂直。

（14）钢丝绳卷车与牵引机的距离和方位应符合机械说明书要求，且必须使尾绳、尾线不磨线轴或钢丝绳。

（15）张力机、牵引机使用前应对设备的布置、锚固、接地装置以及机械系统进行全面的检查，并做运转试验。

（16）导线、牵引绳的尾绳在线盘或绳盘上的盘绕圈数均不得少于 6 圈。

（17）设备在运行前应按照施工方案中的数值设定牵引力值，以防止发生过牵引。

（18）运行时牵引机、张力机进出口前方不得有人通过。各转向滑车围成的区域内侧禁止有人。

（19）遇有五级及以上风或暴雨、雷电、冰雹、大雪、大雾、沙尘暴等恶劣气候时，立即停止牵引作业。

（20）紧线作业区间两端装设接地线。施工的线路上有高压感应电时，在作业点两侧加装工作接地线。

（21）张力机一般布置在线路中心线上，顺线路布置。张力机进出口与邻塔悬挂点的高差角及与线路中心线的夹角满足其机械的技术要求。与邻塔边线放线滑车水平夹角不应大于 7°。如需转向，需使用专用的转向滑车，锚固必须可靠。各转向滑车的荷载应均衡，不得超过其允许承载力。

（22）张力机应使用枕木垫平支稳，两点锚固。锚固绳与机身水平夹角应控制在 20° 左右，对地夹角应控制在 45° 左右。

（23）牵引机卷扬轮、张力机导线轮、导线线盘、导引绳及牵引绳卷筒的受力方向应与其轴线垂直。

（24）严格按批准的施工方案布置执行。

（25）各种锚桩应按技术要求布设，其规格和埋深应根据土质经受力计算而确定。

（26）验收牌上应注明坑深尺寸，地锚埋设前，派专人测尺检查，深度足够，挖好马道，回填夯实。

（27）牵引地锚距紧线杆塔的水平距离应满足安全施工要求。地锚布置与受力方向一致，并埋设可靠。

（28）各种锚桩回填时有防沉措施，并覆盖防雨布并设有排水沟或截水沟。下雨后及时检查地锚埋设情况，如有土质下沉、流失等情况及时回填。

（29）抗弯连接器、旋转连接器、牵引绳的端头连接部位和导线蛇皮套在使用前应由专人检查；连接器转动不灵活、蛇皮套、钢丝绳损伤、销子变形等严禁使用。

（30）导线、地线连接网套的使用应与所夹持的导线、地线规格相匹配。

（31）导线、地线穿入网套应到位。网套夹持导线、地线的长度不得少于导线、地线直径的30倍。

（32）网套末端应用铁丝绑扎，绑扎不得少于20圈。

（33）导线、地线连接网套每次使用前，应逐一检查，发现有断丝者不得使用。

（34）较大截面的导线穿入网套前，其端头应做坡面梯节处理；施工过程中需要导线对接时宜使用双头网套。

（35）起重作业前应进行安全技术交底，使全体人员熟悉起重搬运方案和安全措施。

（36）每次换班或每个工作日的开始，对在用起重机械，应按其类型针对与该起重机械适合的相关内容进行日常检查。

（37）操作人员应按规定的起重性能作业，禁止超载。

（38）换盘、换线轴要有专人指挥，吊车司机和施工人员听从指挥，密切配合，吊件和起重臂下方严禁有人。

（39）操作室内禁止堆放有碍操作的物品，非操作人员禁止进入操作室；起重作业应划定作业区域并设置相应的安全标志，禁止无关人员进入。

（40）有专人负责指挥，导线、地线和光缆应使用卡线器或其他专用工具，其规格应与线材规格匹配，不得代用。

（41）紧线过程人员不得站在悬空导线、地线的垂直下方。不得跨越将离地面的导线或地线；人员不得站在线圈内或线弯的内角侧。

（42）牵引场、张力场应设专人指挥。放线前的通信工具认真检查，保证电池充足电，并配备必要的备用电源。

（43）施工中要保持通信畅通，如有一处不通，指挥员应立即下令停止牵引并查明原因，在全线路通信畅通后方可继续施工。架线过程中传递信号应及时、清晰，不得擅自离岗。

（44）牵引时接到任何岗位的停车信号均应立即停止牵引，停止牵引时应先停牵引机，再停张力机。恢复牵引时应先开张力机，再开牵引机。

（45）前、后过轮临锚布置导线必须从悬垂线夹中脱出翻入放线滑车中，并不得以线夹头代替滑车。

（46）设置过轮临锚时，锚线卡线器安装位置距放线滑车中心不小于1～1.5m。通过横担下方悬挂的钢丝绳滑车在地面上用钢丝绳卡线器进行锚线，其受力以过轮临锚前一基直线塔绝缘子垂直或使锚线张力稍微放松使绝缘子朝前偏移不大于 15 ㎝为宜。

（47）分裂导线在完成地面临锚后应及时在操作塔设置过轮临锚。导线地面临锚和过轮临锚的设置应相互独立。

（48）紧线段的一端为耐张塔，且非平衡挂线时，应在该塔紧线的反方向安装临时拉线。

（49）临时拉线对地夹角不得大于 45°，必须经计算确定拉线型号，地锚位置及埋深；如条件不允许，经计算后采取可靠措施。

（50）压接机应有固定设施，操作时放置平稳，两侧扶线人员应对准位置，手指不得伸入压模内。

（51）液压机起动后先空载运行，检查各部位运行情况，正常后方可使用。压接钳活塞起落时，人体不得位于压接钳上方。

（52）切割导线时线头应扎牢，并防止线头回弹伤人。

（53）液压泵操作人员与压钳操作人员密切配合，并注意压力指示，不得过载。

（54）放入顶盖时，应使顶盖与钳体完全吻合，不得在未旋转到位的状态下压接。

（55）压力表应按期校验。液压泵的安全溢流阀不得随意调整，且不得用溢流阀卸荷。

（56）钻越带电线路时，需补充以下措施：

1）钻越带电线路作业，作业人员或机械器具与带电设备的最小距离小于《电建安规》表 2－1 中的控制值。必须指派专职监护人。

2）展放的导引绳、牵引绳从带电线路下方钻越，必须采取可靠的防止导引绳、牵引绳和导线弹跳措施。挂线时，过牵引量严格执行设计要求。

3）导引绳、牵引绳或导线钻越带电线路时必须满足对被穿越物最小安全距离的要求。

3. 紧挂线作业

（1）平衡挂线时，安全绳或速差自控器必须拴在横担主材上。

（2）锚线工器具应相互独立且规格符合受力要求，铁塔横担应平衡受力，导线开断应逐根、逐相两侧平衡进行，高空锚线应有二道保护措施。二道保险绳应拴在铁塔横担处。

（3）待割的导线应在断线点两端事先用绳索绑牢，割断后应通过滑车将导线松落至地面。

（4）高处断线时，作业人员不得站在放线滑车上操作。割断最后一根导线时，应注意防止滑车失稳晃动。

（5）割断后的导线应在当天挂接完毕，不得在高处临锚过夜。

（6）平衡挂线时，不得在同一相邻耐张段的同相（极）导线上进行其他作业。采用高空压接操作平台进行压接施工。压接机应有固定设施，操作时放置平稳，两侧扶线人员应对准位置，手指不得伸入压模内。

（7）压接前应检查起吊液压机的绳索和起吊滑轮完好，位置设置合理，方便操作。切割导线时线头应扎牢，并防止线头回弹伤人。

（8）高空作业人员应做好高处施工安全措施，并对压接工器具及材料应做好防坠落措施。

（9）液压泵操作人员与压钳操作人员密切配合，并注意压力指示，不得过载。

（10）导线应有防跑线措施。

（11）导线、地线升空作业应与紧线作业密切配合并逐根进行，导线、地线的线弯内角侧不得有人。

（12）升空作业应使用压线装置，禁止直接用人力压线。

（13）压线滑车应设控制绳，压线钢丝绳回松应缓慢。

（14）升空场地在山沟时，升空的钢丝绳应有足够长度。

（15）前、后过轮临锚布置导线必须从悬垂线夹中脱出翻入放线滑车中，并不得以线夹头代替滑车。

（16）设置过轮临锚时，锚线卡线器安装位置距放线滑车中心不小于 1～1.5m。通过横担下方悬挂的钢丝绳滑车在地面上用钢丝绳卡线器进行锚线，其受力以过轮临锚前一基直线塔绝缘子垂直或使锚线张力稍微放松使绝缘子朝前偏移不大于 15 ㎝为宜。

（17）分裂导线在完成地面临锚后应及时在操作塔设置过轮临锚。导线地面临锚和过轮临锚的设置应相互独立。

（18）紧线段的一端为耐张塔，且非平衡挂线时，应在该塔紧线的反方向安装临时拉线。

（19）临时拉线对地夹角不得大于 45°，必须经计算确定拉线型号，地锚位置及埋深；如条件不允许，经计算后采取可靠措施。

（20）压接机应有固定设施，操作时放置平稳，两侧扶线人员应对准位置，手指不得伸入压模内。

（21）液压机起动后先空载运行，检查各部位运行情况，正常后方可使用。压接钳活塞起落时，人体不得位于压接钳上方。

（22）切割导线时线头应扎牢，并防止线头回弹伤人。

（23）液压泵操作人员与压钳操作人员密切配合，并注意压力指示，不得过载。

（24）放入顶盖时，应使顶盖与钳体完全吻合，不得在未旋转到位的状态下压接。

（25）压力表应按期校验。液压泵的安全溢流阀不得随意调整，且不得用溢流阀卸荷。

（26）紧线、挂线过程中，二级风险跨越位置处、跨越档两端铁塔应设专人监护，监护人应配备通信工具，且应保持与现场指挥人的联系畅通。

4. 附件安装

（1）附件安装前，作业人员应对专用工具和安全用具进行外观检查，不符合要求者不得使用。

（2）附件安装作业区间两端应装设接地线。施工的线路上有高压感应电时，应在作业点两侧加装工作接地线。

（3）接地线不得用缠绕法连接，应使用专用夹具，连接应可靠。

（4）在带电线路上方的导线上安装或测量间隔棒距离时，上下传递物件或测量时必须用绝缘绳索，禁止使用带有金属丝的测绳、皮尺。

（5）跨越电力线、铁路、公路或通航河流等线路杆塔上附件安装时采取防导线或地线坠落措施。

（6）锚线工器具相互独立且规格符合受力要求，杆塔横担平衡受力，导线开断逐根、逐相两侧平衡进行，二道保险绳拴在杆塔横担处。

（7）施工人员在装设个人保安装地线后，方可进行附件安装。挂设个人保安接地线时，先挂接地端后挂导线端，拆除时顺序相反。

（8）跨越档两端杆塔的附件安装必须进行二道防护，并采取有效接地措施。

（9）地线有放电间隙的情况下，地线附件安装前应采取接地措施。

（10）高空压接必须双锚。跨越施工完毕后，应尽快将带电线路上方的绳、网拆除并回收。

（11）相邻杆塔不得同时在同相（极）位安装附件。

五、线路拆旧

（1）按施工方案要求组织现场施工作业，不得随意更改方案中规定的安全技术措施。

（2）拆除线路在登杆塔前必须先核对线路名称，再进行验电、挂接地；与带电线路临近、平行、交叉时，使用个人保安线。

（3）拆除转角、直线耐张杆塔导地线时按专项方案要求在拆除导线的反向侧打好拉线，必要时对横担和塔身采取补强措施。

（4）拆除旧导、地线时禁止带张力断线；应注意旧线缺陷，必要时采取加固措施。

（5）锚线用工器具按导地线张力配置，其安全系数不得小于 2.5。根据现场土质情况选用地锚型式和数量。

（6）过轮临锚塔符合设计和施工操作的要求，锚线角不大于规定值，确保锚固合理、可靠。过轮临锚前，锚线杆塔按施工方案要求进行补强。

（7）拉线塔拆除时应将原永久拉线更换为临时拉线再进行拆除作业。

（8）旧线拆除时，采用控制绳控制线尾，防止线尾卡住。

（9）在风力五级以上及下雨、下雪时，不可露天或高处进行焊接和切割作业。如必须作业，应采取防风、防雨雪措施。

（10）分解吊拆杆塔前，不得拆除下部未拆解部分受力螺栓及地脚螺栓。吊拆杆塔时，待拆构件受力后，方准拆除连接螺栓。

（11）拆杆塔必须指定专人指挥。指挥人员看不清作业地点或操作人员看不清指挥信号时，均不得进行吊拆作业。作业位置的地基稳固，附近的障碍物清除。衬垫支腿枕木不得少于两根且长度不得小于 1.2m。

（12）使用起重机拆杆塔时，车身应使用不小于 16mm^2 的铜线可靠接地。起重机臂架、吊具、辅具、钢丝绳及吊物等应符合与带电体安全距离规定的要求。

（13）起重臂及吊件下方划定作业区，地面设安全监护人，吊件垂直下方不得有人。

（14）切割杆塔主材时必须严格按专项方案制定的顺序切割。

（15）不得随意整体拉倒杆塔或在杆塔上有导地线的情况下进行整体拆除作业。

（16）牵引杆塔倒落的机械必须在杆塔倒落的距离 1.2 倍外，现场周围留有安全距离。

第三章

施工安全风险管理

第一节 概　述

一、术语和定义

（1）风险：不确定性对健康与安全、环境等目标的影响。

（2）风险管理：对项目风险进行识别、分析、应对和监控的活动。

（3）输变电工程建设施工安全风险：在输变电工程建设施工作业中，对某种可预见的风险情况发生的可能性、后果严重程度和事故发生频度三个指标的综合描述。

（4）风险预警：根据电力工程的特点，通过收集相关的资料信息，监控风险因素的变动趋势，并评价各种风险状态及等级，向决策层发出预警信号并提前采取预控措施。

（5）风险控制：针对施工现场作业已识别出的风险因素和风险评价的结果，制定和实施消除、降低、控制风险的有效措施。

（6）风险控制关键因素：一个系统中具有潜在能量和物质释放风险的、在一定的触发因素作用下可转化为事故的部位、区域、场所、空间、岗位、设备、装置及其状态。

（7）风险作业：由固定的人员、使用固定的工机具和材料和施工方法、在一处固定的作业地点完成的，作业过程相对独立，能形成完整成果的一个工序或几个工序的组合。

（8）风险复测：施工作业前对存在的风险进行再次评估、判别，依据风险控制关键因素变化情况来完善、补充风险控制措施。

（9）风险基本等级表：根据输变电工程特点，梳理可能存在的风险，并将风险按专业、工序归纳汇总的数据表。

（10）施工作业票：电网工程建设现场施工过程中的安全作业控制文件，是执行保证安全组织措施、技术措施的依据，通过信息系统编制、流转、存档。

（11）LEC 安全风险评价方法：对具有潜在危险性作业环境中的危险源进行半定量的安全评价方法。

（12）重大风险：指三级及以上风险，含三级风险（显著风险）、二级风险（高度风险）、一级风险（极高风险）。

（13）作业班组：施工现场从事具体作业的基本组织单元，包括班组负责人、班组安全员、班组技术员，相应技能人员及其他作业人员等。

（14）驻队监理：指与作业班组相对固定，专门负责作业班组全过程监理的监理人员。

二、基本要求

（1）坚持安全发展理念，贯彻落实“安全第一、预防为主、综合治理”的安全工作方针，规范国家电网有限公司输变电工程建设施工安全风险过程管理。

（2）按照初步识别、复测评估、先降后控、分级管控的原则，对输变电工程建设施工安全风险进行管理。

（3）施工单位是输变电工程建设施工安全风险管理的责任主体，建设、监理单位履行安全风险管理监管责任，工程建设应全面执行输变电工程建设施工安全风险管理流程，保证风险始终处于可控、在控状态。

三、施工安全风险等级

1. 风险等级

对输变电工程建设施工安全风险采用半定量 LEC 安全风险评价法，根据评价后风险值的大小及所对应的风险危害程度，将风险从大到小分为五级，一到五级分别对应：极高风险、高度风险、显著风险、一般风险、稍有风险。

一级风险（极高风险）：指作业过程存在极高的安全风险，即使加以控制仍可能发生群死群伤事故，或五级电网事件的施工作业。一级风险乃计算所得数值，实际作业必须通过改变作业组织或采取特殊手段将风险等级降为二级以下风险，否则不得作业。

二级风险（高度风险）：指作业过程存在很高的安全风险，不加控制容易发生人身死亡事故，或者可能发生六级电网事件的施工作业。

三级风险（显著风险）：指作业过程存在较高的安全风险，不加控制可能发生人身重伤或死亡事故，或者可能发生七级电网事件的施工作业。

四级风险（一般风险）：指作业过程存在一定的安全风险，不加控制可能发生人身轻伤事故的施工作业。

五级风险（稍有风险）：指作业过程存在较低的安全风险，不加控制可能发生轻伤及以下事件的施工作业。

2. 风险评价

采用与系统风险率相关的三方面指标值之积来评价系统中人员伤亡风险大小的方法，这种方法即为LEC法。这三方面分别是：L为发生事故的可能性大小；E为人体暴露在这种危险环境中的频繁程度；C为一旦发生事故会造成的损失后果。风险值$D=L\times E\times C$，D值越大，说明该系统危险性大，需要增加安全措施，或改变发生事故的可能性，或减少人体暴露于危险环境中的频繁程度，或减轻事故损失，直至调整到允许范围内。风险因素L、E、C取值及风险值D与风险等级关系表，见表3－1～表3－4。

表3－1 发生事故或风险事件的可能性（L）

分数值	发生的可能性
10	可能性很大
6	可能性比较大
3	可能但不经常
1	可能性小，完全意外
0.5	基本不可能，但可以设想
0.2	极不可能
0.1	实际不可能

表3－2 风险事件出现的频率程度（E）

分数值	风险事件出现的频率程度
10	连续
6	每天工作时间

续表

分数值	风险事件出现的频率程度
3	每周一次
2	每月一次
1	每年几次
0.5	非常罕见

注　*E* 值也表示人体暴露于危险环境的频繁程度。

表 3－3　　发生风险事件产生的后果（*C*）

分数值	发生风险事件产生的后果
100	大灾难，无法承受损失（10 人以上）
40	灾难，几乎无法承受损失（3～9 人）
15	非常严重，非常重大损失（1～2 人）
7	重大损失（重伤）
3	较大损失（致残）
1	一般损失（救护）
0.5	轻微损失（轻伤）

表 3－4　　风险值 *D* 与风险等级关系表

风险值 *D*	风险程度	风险等级
≥320	风险极大，应采取措施降低风险等级，否则不能继续作业	1
160≤*D*＜320	高度风险，要制定专项施工安全方案和控制措施作业前要严格检查，作业过程中要严格监护	2
70≤*D*＜160	显著风险，制定专项控制措施，作业前要严格检查，作业过程中要有专人监护	3
20≤*D*＜70	一般风险，需要注意	4
＜20	稍有风险，但可能接受	5

LEC 风险评价法是根据工程施工现场情况和管理特点对危险等级的划分，有一定局限性，应根据实际情况予以判别修正。

施工现场出现风险基本等级表中未收集的风险作业，施工项目部应按照LEC风险评价法进行评价，并经监理项目部审核确定风险等级，向业主项目部报备。

原则上将危险性较大的分部分项工程范围内的作业设定为三级风险，将超过一定规模的危险性较大的分部分项工程范围的作业设定为二级风险。

为了便于现场识别风险，对于输变电工程建设常见的风险作业按一般作业环境和条件可按 Q/GDW 12152—2021《输变电工程建设施工安全风险管理规程》附录H中的输变电工程风险基本等级表选择，供各工程实施中参考。实际使用时，应按表3－8安全施工作业风险控制关键因素进行复测，重新评估风险等级，不可直接使用。

Q/GDW 12152—2021《输变电工程建设施工安全风险管理规程》附录H输变电工程风险基本等级表中的风险作业，当采用先进有效的机械化或智能化技术施工时，风险等级可降低一级管控；临近带电作业，当采取停电措施，作业风险等级可降低一级管控；当作业方法和要求发生变化时，应根据实际情况调整风险作业内容，并重新评估风险等级。

第二节　施工安全风险辨识与控制

一、施工安全风险识别、评估

设计单位在施工图阶段，编制三级及以上重大风险作业清单。在施工图交底前，由总监理工程师协助建设单位组织参建单位进行现场勘察核实；在施工图会审时，参建单位审查设计单位提供的三级及以上重大风险清单。

工程开工前，施工项目部按表3－5组织现场初勘。

表3－5　现场勘察记录

勘察日期：

勘察单位		勘察负责人		
勘察人员				
作业项目		作业地点		
作业内容		风险等级	□初勘___级	□复测___级

续表

勘察的线路或设备的名称（多回应注明称号及方位）：	
1. 需要停电的设备：	
2. 保留的带电部位：	
3. 交叉跨越的部分：	
4. 作业现场的条件、环境及其他危险点等：	
5. 应采取的安全措施：	
6. 附图与说明：	

注　1. 初勘由施工项目经理（或项目总工）组织，施工项目部安全员（或技术员）、作业层班组负责人、监理人员参加。超过一定规模的危险性较大的分部分项工程需设计人员参加。

2. 应用本表时，其格式可依据实际情况进行优化，但关键内容不得缺失。

3. 当本表用于复测时，“应采取的安全措施”栏中必须有结论，确定风险是否升级（不变或降级）。

施工项目部根据风险初勘结果、项目设计交底以及审查后的三级及以上重大风险清单，识别出与本工程相关的所有风险作业并进行评估，确定风险实施计划安排，按表 3－6 形成风险识别、评估清册，报监理项目部审核。

表 3－6　　　　风险识别、评估清册（含危大工程一览表）

工程名称：

序号	工作内容	地理位置	包含部位	风险可能导致的后果	风险级别	风险编号	计划实施时间	备注

注　风险控制关键因素在作业复测后填入表格（备注栏）。各级风险均应逐项列出，组塔要明确到具体塔位，其他同。

二、施工安全风险复测

施工项目部根据风险作业计划，提前开展施工安全风险复测。

作业风险复测前，按照表 3－7 检查落实安全施工作业必备条件是否满足要求，不满足要求的整改后方可开展后续工作。

表 3－7　　安全施工作业必备条件

序号	指标	必备条件
1	作业人员安全培训	按规定要求经相应的安全生产教育和岗位技能培训，并考核合格
2	特种作业人员持证上岗	按照规定要求，取得相关特种作业证书
3	职业禁忌	作业人员经体检合格，无妨碍工作的病症
4	作业人员年龄	按相关规定，无超龄或年龄不足人员参与作业（年龄不小于 18 周岁，高处作业人员最大年龄不大于 55 周岁）
5	设备设施定期检测	施工机械、设备应有合格证并按要求定期检测，且检测合格
6	设备和工器具准入检查	按照规定对设备和工器具进行准入检查，且检查合格
7	安全防护用品配备情况	按规定配备合格的安全防护用品
8	材料合格证	结构性材料均有合格证
9	材料送检率	根据相关规定，要求送检的材料均送检并符合要求（指对安全风险有影响的材料）
10	安全文明施工设施	施工现场符合 Q/GDW 10250—2021《输变电工程建设安全文明施工规程》中强制性标准要求
11	施工安全技术方案（措施）及专家论证	按照国网（基建/2）173《国家电网有限公司输变电工程建设安全管理规定》附件 3 输变电工程建设专项施工方案编制的范围制定专项施工方案，并审批（或专家论证）

施工项目部根据工程进度，对即将开始的作业风险按照表 3－8 提前开展复测。重点关注地形、地貌、土质、气候、交通、周边环境、临边、临近带电体或跨越等情况，初步确定现场施工布置形式、可采用的施工方法，将复测结果和采取的安全措施填入施工作业票，作为作业票执行过程中的补充措施。

表 3－8 安全施工作业风险控制关键因素

序号	指标	指标简称	风险控制关键因素
1	作业人员异常	人员异常	作业班组骨干人员（班组负责人、班组安全员、班组技术员、作业面监护人、特殊工种）有同类作业经验，连续作业时间不超过 8h
2	机械设备异常	设备异常	机具设备工况良好，不超年限使用；起重机械起吊荷载不超过额定起重量的 90%
3	周围环境	环境变化	周边环境（含运输路况）未发生重大变化
4	气候情况	气候变化	无极端天气状况
5	地质条件	地质异常	地质条件无重大变化
6	临近带电体作业	近电作业	作业范围与带电体的距离满足《电建安规》要求
7	交叉作业	交叉作业	交叉作业采取安全控制措施

注 1. 周围环境指的是地形地貌、有限空间、四口五临边、夜间作业环境、运行区域、闹市区域、市政管网密集区域等环境。
2. 风险基本等级表中的风险控制关键因素采用表中的指标简称。

作业风险复测时必须对风险控制关键因素进行判断，以确定复测后的风险等级。

现场实际风险作业过程中，发现必备条件和风险控制关键因素发生明显变化时，驻队监理应立即要求停止作业，并将变化情况报监理项目部判别后，建设单位确定风险升级，按照新的风险级别进行管控。

三、风险作业计划

作业开展前一周，施工项目部根据风险复测结果将三级及以上风险作业计划报监理、业主项目部及本单位；业主项目部收到风险作业计划后报上级主管单位。

建设单位收到风险信息，与现场实际情况复核后报上级基建管理部门。二级风险作业由建设单位发布预警，风险作业完成后，解除预警。

各参建单位收到三级及以险信息后，按照安全风险管理人员到岗到位要求制定计划并落实。

四、风险作业过程管控

（1）禁止未开具施工作业票开展风险作业。

（2）风险作业前一天，作业班组负责人开具风险作业对应的施工作业票，并履行审核签发程序，同步将三级及以上风险作业许可情况备案。

（3）当在防火重点部位或场所以及禁止明火区动火作业，应办理输变电工程动火作业票，与施工作业票配套使用。

（4）风险作业开始实施前，作业班组负责人必须召开站班会，宣读作业票进行交底。

（5）风险作业开始后、每日作业前，作业班组负责人应对当日风险进行复核、检查作业必备条件及当日控制措施落实情况、召开站班会对风险作业进行三交三查后方可开展作业。

（6）站班会应全程录音并存档，参与作业的人员进行全员签名。

（7）风险作业过程中，作业人员应严格执行风险控制措施，遵守现场安全作业规章制度和作业规程，服从管理，正确使用安全工器具和个人安全防护用品，确保安全。在风险控制措施不到位的情况下，作业人员有权指出、上报，并拒绝作业。

（8）风险作业过程中，作业班组安全员及安全监护人员必须专职从事安全管理或监护工作，不得从事其他作业。

（9）风险作业过程中，作业班组负责人在作业时全程进行风险控制。同时应依据现场实际情况，及时向施工项目部提出变更风险级别的建议。

（10）风险作业过程中，如遇突发风险等特殊情况，任何人均应立即停止作业。

（11）风险作业过程中，各级管理人员按要求履行风险管控职责。

（12）三级及以上风险应实施远程视频监控，由各级风险值班管控人员进行监督。各单位同时采用“四不两直”形式进行检查监督。

（13）每日作业结束后，作业班组负责人向施工项目部报告安全管理情况。

（14）风险作业完成后，作业班组负责人终结施工作业票并上报施工项目部，同时更新风险作业计划。

五、施工作业票管理

施工作业票管理具体按第二章第一节有关施工作业票的规定执行。

输变电工程施工作业票（表式）具体参照表 3–9～表 3–13。其中四、五级风险作业填写输变电工程施工作业 A 票；三级及以上风险作业填写输变电工程施工作业 B 票；动火作业填写输变电工程动火作业票，与施工作业票配套使用。

表 3–9　　输变电工程施工作业 A 票

<table>
<tr><td colspan="3">工程名称：</td><td colspan="3">编号：SZ－AX－×××××××××××××××××－</td></tr>
<tr><td>建设单位</td><td></td><td>监理单位</td><td></td><td>施工单位</td><td></td></tr>
<tr><td>施工班组</td><td></td><td>初勘
风险等级</td><td></td><td>复测后
风险等级</td><td></td></tr>
<tr><td>工序及
作业内容</td><td colspan="5"></td></tr>
<tr><td>作业部位</td><td></td><td>地理位置</td><td colspan="3"></td></tr>
<tr><td>开始时间</td><td></td><td>结束时间</td><td colspan="3"></td></tr>
<tr><td>执行方案名称</td><td colspan="3"></td><td>施工人数</td><td></td></tr>
<tr><td>方案技术要点</td><td colspan="5"></td></tr>
<tr><td>具体人员分工</td><td colspan="5">1. 班组负责人：　　2. 安全监护人：
3. 机械操作工：　　4. 特种作业人员：（指明操作项目）
5. 其他施工人员：</td></tr>
<tr><td>主要风险</td><td colspan="5">机械伤害、高处坠落、物体打击、触电、起重伤害、中毒、窒息、火灾、其他伤害等</td></tr>
<tr><td colspan="5">作业必备条件</td><td>确认</td></tr>
<tr><td colspan="5">1. 特种作业人员持证上岗</td><td>□</td></tr>
<tr><td colspan="5">2. 作业人员无妨碍工作的职业禁忌</td><td>□</td></tr>
<tr><td colspan="5">3. 无超龄或年龄不足人员参与作业</td><td>□</td></tr>
<tr><td colspan="5">4. 配备个人安全防护用品，并经检验合格，齐全、完好</td><td>□</td></tr>
<tr><td colspan="5">5. 结构性材料有合格证</td><td>□</td></tr>
<tr><td colspan="5">6. 按规定需送检的材料送检并符合要求</td><td>□</td></tr>
<tr><td colspan="5">7. 编制安全技术措施，安全技术方案制定并经审批或专家论证</td><td>□</td></tr>
<tr><td colspan="5">8. 施工人员经安全教育培训，并参加过本工程技术安全措施交底</td><td>□</td></tr>
</table>

续表

作业必备条件	确认
9. 确保高原医疗保障系统运转正常，施工人员经防疫知识培训、习服合格，施工点必须配备足够的应急药品和吸氧设备，尽量避免在恶劣气象条件下工作（仅高海拔地区施工需做此项检查）	□
10. 施工机械、设备有合格证并经检测合格	□
11. 工器具经准入检查，完好，经检查合格有效	□
12. 安全文明施工设施配置符合要求，齐全、完好	□
13. 各工作岗位人员对施工中可能存在的风险控制措施清楚	□

作业过程风险控制措施
一、安全综合控制措施 二、现场风险复测变化情况及补充控制措施 1．变化情况 2．控制措施

全员签名					

新增人员签名：

班组负责		审核人（班组安全员、技术员）	
安全监护人		签发人（项目总工）	
签发日期			
备注			

注 1. 每日站班会及风险控制措施检查记录表作为施工作业票附件，代替站班会记录。

2. 新增人员包含入库人员及临时人员（厂家人员）。

表 3－10　　每日站班会及风险控制措施检查记录表（A 票附件）

作业票票号：

<table>
<tr><td colspan="2">作业部位及内容</td><td></td><td colspan="2">施工日期</td><td></td></tr>
<tr><td colspan="2" rowspan="2">班组负责人</td><td rowspan="2"></td><td rowspan="2">第一作业面</td><td>工作内容</td><td></td></tr>
<tr><td>安全监护人</td><td></td></tr>
<tr><td rowspan="2">第二作业面</td><td>工作内容</td><td></td><td rowspan="2">第三作业面</td><td>工作内容</td><td></td></tr>
<tr><td>安全监护人</td><td></td></tr>
</table>

<table>
<tr><td rowspan="3">“三交”</td><td>交任务</td><td>施工作业票所列工作任务已宣读清楚</td><td>□</td></tr>
<tr><td>交安全</td><td>1. 交安全措施（见作业过程风险控制措施）已宣读清楚。
2. 补充安全措施已交待清楚</td><td>□
□</td></tr>
<tr><td>交技术</td><td>1. 施工作业票所列安全技术措施已宣读清楚。
2. 补充技术措施已交待清楚</td><td>□
□</td></tr>
<tr><td rowspan="2">检查内容</td><td>“三查”(查衣着、查“三宝”、查精神状态)、查作业必备条件</td><td>1. 作业人员着装规范、精神状态良好，经安全培训。
2. 施工机械、设备有合格证并经检测合格。
3. 工器具经准入检查，完好，经检查合格有效。
4. 安全文明施工设施符合要求，齐全、完好。
5. 施工人员对工作分工清楚。
6. 各工作岗位人员对施工中可能存在的风险及控制措施清楚</td><td>□
□
□
□
□
□</td></tr>
<tr><td>当日控制措施检查</td><td colspan="2">具体执行见作业过程风险控制措施</td></tr>
<tr><td colspan="2">备注</td><td colspan="2"></td></tr>
</table>

参加施工人员签名：

<table>
<tr><td colspan="3">作业过程风险控制措施</td></tr>
<tr><td colspan="2">当日需执行措施</td><td>落实情况</td></tr>
<tr><td colspan="3">一、综合控制措施</td></tr>
<tr><td>□</td><td></td><td>□</td></tr>
<tr><td>□</td><td></td><td>□</td></tr>
<tr><td>□</td><td></td><td>□</td></tr>
<tr><td>□</td><td></td><td>□</td></tr>
<tr><td>□</td><td></td><td>□</td></tr>
</table>

续表

二、现场风险复核变化情况及补充控制措施

现场复核内容	风险控制关键因素	条件满足情况	风险异常原因
作业人员异常	作业班组骨干人员（班组负责人、班组安全员、班组技术员、作业面监护人、特殊工种）有同类作业经验，连续作业时间不超过 8h	□	
机械设备异常	机具设备工况良好，不超年限使用；起重机械起吊荷载不超过额定起重量的 90%	□	
周围环境	周边环境（含运输路况）未发生重大变化	□	
气候情况	无极端天气状况	□	
地质条件	地质条件无重大变化	□	
临近带电体作业	作业范围与带电体的距离满足《安规》要求	□	
交叉作业	交叉作业采取安全控制措施	□	
补充安全控制措施			
风险复核人			
当日风险等级			

表 3－11　　输变电工程施工作业 B 票

工程名称：　　编号：SZ－BX－××××××××××××××××－

建设单位		监理单位		施工单位	
施工班组		初勘风险等级		复测后风险等级	
工序及作业内容					
作业部位		地理位置			
开始时间		结束时间			
执行方案名称				施工人数	
方案技术要点					
具体人员分工	1. 班组负责人：　2. 安全监护人： 3. 机械操作工：　4. 特种作业人员：（指明操作项目） 5. 其他施工人员：				

续表

<table>
<tr><td>主要风险</td><td colspan="2">机械伤害、高处坠落、物体打击、触电、起重伤害、中毒、窒息、火灾、电网停运、其他伤害等</td></tr>
<tr><td colspan="2">作业必备条件</td><td>确认</td></tr>
<tr><td colspan="2">1. 特种作业人员持证上岗</td><td>□</td></tr>
<tr><td colspan="2">2. 作业人员无妨碍工作的职业禁忌</td><td>□</td></tr>
<tr><td colspan="2">3. 无超龄或年龄不足人员参与作业</td><td>□</td></tr>
<tr><td colspan="2">4. 配备个人安全防护用品，并经检验合格，齐全、完好</td><td>□</td></tr>
<tr><td colspan="2">5. 结构性材料有合格证</td><td>□</td></tr>
<tr><td colspan="2">6. 按规定需送检的材料送检并符合要求</td><td>□</td></tr>
<tr><td colspan="2">7. 编制安全技术措施，安全技术方案制定并经审批或专家论证</td><td>□</td></tr>
<tr><td colspan="2">8. 施工人员经安全教育培训，并参加过本工程技术安全措施交底</td><td>□</td></tr>
<tr><td colspan="2">9. 确保高原医疗保障系统运转正常，施工人员经防疫知识培训、习服合格，施工点必须配备足够的应急药品和吸氧设备，尽量避免在恶劣气象条件下工作（仅高海拔地区施工需做此项检查）</td><td>□</td></tr>
<tr><td colspan="2">10. 施工机械、设备有合格证并经检测合格</td><td>□</td></tr>
<tr><td colspan="2">11. 工器具经准入检查，完好，经检查合格有效</td><td>□</td></tr>
<tr><td colspan="2">12. 安全文明施工设施配置符合要求，齐全、完好</td><td>□</td></tr>
<tr><td colspan="2">13. 各工作岗位人员对施工中可能存在的风险控制措施清楚</td><td>□</td></tr>
<tr><td colspan="3">作业过程风险控制措施</td></tr>
<tr><td colspan="3">一、关键点作业安全控制措施

二、安全综合控制措施

三、现场风险复测变化情况及补充控制措施
1. 变化情况

2. 控制措施</td></tr>
</table>

<table>
<tr><td colspan="6">全员签名</td></tr>
<tr><td></td><td></td><td></td><td></td><td></td><td></td></tr>
<tr><td></td><td></td><td></td><td></td><td></td><td></td></tr>
<tr><td></td><td></td><td></td><td></td><td></td><td></td></tr>
<tr><td></td><td></td><td></td><td></td><td></td><td></td></tr>
<tr><td></td><td></td><td></td><td></td><td></td><td></td></tr>
<tr><td></td><td></td><td></td><td></td><td></td><td></td></tr>
</table>

续表

新增人员签名：			
班组负责人		审核人（项目部安全、技术专责）	
安全监护人			
		签发人（项目经理）	
监理人员（三级及以上风险）		业主项目经理/业主项目部安全专责（二级风险）	
签发日期			
备注			

注 1. 每日站班会及风险控制措施检查记录表作为施工作业票附件，代替站班会记录。

2. 新增人员包含入库人员及临时人员（厂家人员）。

表 3－12　　每日站班会及风险控制措施检查记录表（B 票附件）

作业票票号：

作业部位及内容			施工日期		
班组负责人			第一作业面	工作内容	
				安全监护人	
第二作业面	工作内容		第三作业面	工作内容	
	安全监护人			安全监护人	

“三交”	交任务	施工作业票所列工作任务已宣读清楚	□
	交安全	1. 交安全措施（见作业过程风险控制措施）已宣读清楚。	□
		2. 补充安全措施已交待清楚	□
	交技术	1. 施工作业票所列安全技术措施已宣读清楚。	□
		2. 补充技术措施已交待清楚	□

续表

检查内容	“三查”（查衣着、查“三宝”、查精神状态）、查作业必备条件	1. 作业人员着装规范、精神状态良好，经安全培训。 2. 施工机械、设备有合格证并经检测合格。 3. 工器具经准入检查，完好，经检查合格有效。 4. 安全文明施工设施符合要求，齐全、完好。 5. 施工人员对工作分工清楚。 6. 各工作岗位人员对施工中可能存在的风险及控制措施清楚	□ □ □ □ □ □
	当日控制措施检查	具体执行见作业过程风险控制措施	
备注			

参加施工人员签名：

作业过程风险控制措施		
当日需执行措施		落实情况
一、关键点作业安全控制措施		
□		□
□		□
□		□
□		□
□		□
□		□
二、综合控制措施		
□		□
□		□
□		□
□		□
□		□
□		□

续表

三、现场风险复核变化情况及补充控制措施			
现场复核内容	风险控制关键因素	条件满足情况	风险异常原因
作业人员异常	作业班组骨干人员（班组负责人、班组安全员、班组技术员、作业面监护人、特殊工种）有同类作业经验，连续作业时间不超过 8h	□	
机械设备异常	机具设备工况良好，不超年限使用；起重机械起吊荷载不超过额定起重量的 90%	□	
周围环境	周边环境（含运输路况）未发生重大变化	□	
气候情况	无极端天气状况	□	
地质条件	地质条件无重大变化	□	
临近带电体作业	作业范围与带电体的距离满足《安规》要求	□	
交叉作业	交叉作业采取安全控制措施	□	
补充安全控制措施			
风险复核人			
当日风险等级			

到岗到位签到表			
单位	姓名	职务/岗位	备注
建设单位			
监理单位			
施工单位			
业主项目部			
监理项目部			
施工项目部			

表 3－13　　　　输变电工程动火作业票

工程名称：　　　　　　　　　　　　　　　　　　编号：

施工班组		关联作业票票号	
工序及作业内容		动火部位	
开始时间	年　月　日　时起		

续表

<table>
<tr><td>结束时间</td><td colspan="3">年　月　日　时止</td></tr>
<tr><td>具体人员分工</td><td colspan="3">1. 动火班组负责人
2. 消防监护人：
3. 动火执行人：
4. 其他施工人员：</td></tr>
<tr><td>主要风险</td><td colspan="3">火灾、爆炸、灼烫、高处坠落、其他伤害</td></tr>
<tr><td colspan="3">动火作业必备条件</td><td>确认</td></tr>
<tr><td colspan="3">1. 特种作业人员持证上岗</td><td>☐</td></tr>
<tr><td colspan="3">2. 作业人员无妨碍工作的职业禁忌</td><td>☐</td></tr>
<tr><td colspan="3">3. 作业区域消防设施齐全</td><td>☐</td></tr>
<tr><td colspan="3">4. 配备个人安全防护用品，并经检验合格，齐全、完好</td><td>☐</td></tr>
<tr><td colspan="3">5. 已开具施工作业票，且已执行相关安全措施</td><td>☐</td></tr>
<tr><td colspan="2">是否存在以下禁止动火情况</td><td>是</td><td>否</td></tr>
<tr><td colspan="2">1. 存放易燃易爆物品的容器未清理干净前或未进行有效置换前</td><td>☐</td><td>☐</td></tr>
<tr><td colspan="2">2. 风力达 5 级以上的露天作业</td><td>☐</td><td>☐</td></tr>
<tr><td colspan="2">3. 喷漆现场</td><td>☐</td><td>☐</td></tr>
<tr><td colspan="2">4. 遇有火险异常情况未查明原因和消除前</td><td>☐</td><td>☐</td></tr>
<tr><td colspan="4">动火过程风险控制措施</td></tr>
<tr><td colspan="3">一、综合（通用）控制措施</td><td>确认</td></tr>
<tr><td colspan="3">有条件拆下的构件，如油管、阀门等应拆下来移至安全场所</td><td>☐</td></tr>
<tr><td colspan="3">在不宜动火的场所，可以采用不动火的方法代替而同样能够达到效果时，尽量采用替代的方法处理</td><td>☐</td></tr>
<tr><td colspan="3">在有可能导致火灾、爆炸的场所，应尽可能地把动火时间和范围压缩到最低限度</td><td>☐</td></tr>
<tr><td colspan="3">凡盛有或盛过易燃易爆等化学危险物品的容器、设备、管道等生产、储存装置，在动火作业前应将其与生产系统彻底隔离，并进行清洗置换，经分析合格后，方可动火作业</td><td>☐</td></tr>
<tr><td colspan="3">动火作业应有专人监护，动火作业前应清除动火现场及周围的易燃物品，或采取其他有效的安全防火措施，配备足够适用的消防器材</td><td>☐</td></tr>
<tr><td colspan="3">动火作业现场的通排风要良好，以保证泄漏的气体能顺畅排走</td><td>☐</td></tr>
<tr><td colspan="3">动火作业间断或终结后，应清理现场，确认无残留火种后，方可离开</td><td>☐</td></tr>
<tr><td colspan="4">二、作业部位动火安全措施</td></tr>
</table>

续表

<table>
<tr><td colspan="4">确认以上措施并签名</td></tr>
<tr><td>动作执行人</td><td></td><td>动火班组负责人</td><td></td></tr>
<tr><td>消防监护人</td><td></td><td>审核人</td><td></td></tr>
<tr><td>签发人</td><td></td><td>监理人员
（一级动火）</td><td></td></tr>
<tr><td colspan="4">动火工作间断、终结时检查现场无残留火种</td></tr>
<tr><td rowspan="5">消防监护人签字
确认及日期</td><td colspan="3">无火种□、间断□、终结□/签字：日期：</td></tr>
<tr><td colspan="3">无火种□、间断□、终结□/签字：日期：</td></tr>
<tr><td colspan="3">无火种□、间断□、终结□/签字：日期：</td></tr>
<tr><td colspan="3">无火种□、间断□、终结□/签字：日期：</td></tr>
<tr><td colspan="3">无火种□、间断□、终结□/签字：日期：</td></tr>
<tr><td rowspan="2"></td><td colspan="3">无火种□、间断□、终结□/签字：日期：</td></tr>
<tr><td colspan="3">无火种□、间断□、终结□/签字：日期：</td></tr>
<tr><td>备注</td><td colspan="3">消防监护人签字确认及日期可另外续页</td></tr>
</table>

注 1. 本动火作业票适用于输变电新建工程。动火作业票参与人员的安全职责及改扩建工程动火作业均执行 Q/GDW 1799.1—2013《国家电网公司电力安全工作规程　变电部分》的相关条款。

2. 新建工程动火作业票可按施工作业票流程办理，并与施工作业票关联使用。动火执行人应按对应的作业持证上岗。动火作业前，动火班组负责人应交底，消防监护人确认现场措施完善，符合动火条件。作业部位动火安全措施为专用措施，依据现场实际情况进行填写、布置。

3. 动火作业票的各角色与施工作业票相对应。施工作业票班组负责人为动火班组负责人；安全监护人为消防监护人；一级动火作业票由施工项目经理签发，二级动火作业票由施工项目总工签发。一级动火区作业监理人员必须核查安全措施满足要求，并签字确认。

4. 动火作业票适用于一级和二级动火区。设备安装前，一二级动火区中无相关设备、电缆、油箱、易燃易爆物体等，则无需办理动火票。

5. 一张施工作业票进行多点动火作业时，应分别办理动火作业票。

6. 一级动火区：油管道及与油系统相连的设备，油箱（除此之外的部位列为二级动火区域）；危险品仓库及汽车加油站、液化气站内；变压器等注油设备、蓄电池室（铅酸）；其他需要纳入一级动火管理的部位。

7. 二级动火区：动火地点有可能火花飞溅落至易燃易爆物体附近；电缆沟道（竖井）内、隧道内、电缆夹层；调度室、控制室、通信机房、电子设备间、计算机房、材料间；其他需要纳入二级动火管理的部位。

六、风险公示

风险作业场所应设置三级及以上施工现场风险管控公示牌，将三级及以上风险作业地点（地理位置）、作业内容、风险等级、工作负责人、现场监理人员、计划作业时间进行公示，并根据实际情况及时更新，确保各级人员对作业风险心中有数。三、二、一级风险分别对应颜色为黄、橙、红，用彩色色块贴于图中。三级及以上施工现场风险管控公示牌为国网绿色（尺寸为 1800mm×1200mm），标准式样如图 3-1 所示。

三级及以上施工现场风险管控公示牌									
作业时间	作业地点	作业内容	风险等级	风险因素	颜色标示	施工单位	工作负责人及联系方式	监理到岗到位人员	业主到岗到位人员

图 3-1 三级及以上施工现场风险管控公示牌标准式样

七、输变电工程风险基本等级

输变电工程建设施工安全风险分公共部分和架空线路工程两部分。其中公共部分风险包含施工用电布设、植被恢复共两个部分；架空线路工程风险包含项目驻地建设、线路复测、土石方工程、钢筋工程、工地运输、基础工程、接地工程、杆塔施工、架线施工、线路防护工程、线路拆旧、中间验收共 12 个部分。输变电工程建设施工安全风险等级、预控措施等具体内容详见 Q/GDW 12152—2021《输变电工程建设施工安全风险管理规程》附录 H 输变电工程风险基本等级表，其中三级及以上风险作业具体内容如下，需着重管控。

1. 公共部分

施工现场用电布设：三级风险。

2. 架空线路工程

（1）土石方工程。

1）设计坑深大于等于 5m 深基坑一般土石方人工开挖：三级风险。

2）设计坑深大于等于 5m 的掏挖基础人工开挖：三级风险。

3）岩石基坑开挖。

a. 岩石基础人工成孔：三级风险。

b. 岩石基础爆破作业：二级风险。

4）特殊基坑开挖作业。

大坎、高边坡基础开挖：三级风险。

5）坑深小于 16m 的人工挖孔桩基础作业：三级风险。

（2）钢筋工程。

钢筋及声测管绑扎安装作业（设计坑深大于等于 5m 的掏挖基础、设计坑深小于 16m 的人工挖孔桩基础等）：三级风险。

（3）工地运输。

1）水上运输：三级风险。

2）金属索道架设及运输：三级风险。

3）木质索道架设及运输：二级风险。

（4）基础工程。

1）模板施工。

a. 高度在 2～8m 或跨度 10m 及以上模板安装和支护：三级风险。

b. 高度 8m 及以上或跨度 18m 及以上的模板支护：二级风险。

2）作业平台搭设：搭设平台（跨度或高度大于 2m）：三级风险。

（5）杆塔施工。

1）水泥杆施工：三级风险。

2）角钢塔（钢管塔）施工。

a. 附着式外拉线抱杆分解组立：三级风险。

b. 内悬浮外拉线抱杆分解组塔：三级风险。

c. 内悬浮内拉线抱杆分解组塔：二级风险（若采用智能化施工方式监测起吊重量及抱杆倾角等，该风险可按三级管控）。

d. 落地通天抱杆分解吊装组立（带摇臂）：三级风险。

e. 落地通天抱杆分解吊装组立（不带摇臂）：三级风险。

f. 流动式起重机立塔（塔高 60m 以上）：三级风险。

3）临近带电体组立（杆）塔：二级风险。

（6）架线施工。

1）跨越公路、铁路、航道作业。

a. 一般跨越架搭设和拆除（全高 18m 及以上至 24m 以下）：三级风险。

b. 一般跨越架搭设和拆除（全高 24m 及以上）一般跨越架搭设和拆除（全高 24m 及以上）：二级风险。

c. 无跨越架封网（使用防护网）：三级风险。

d. 跨越 2 级及以上公路封网、拆网：三级风险。

e. 跨越高速公路封网、拆网：二级风险。

f. 跨越铁路封网、拆网：二级风险。

2）跨越（或同塔）架设架设电力线。

a. 跨越 66kV 以下带电线路作业：三级风险。

b. 跨越 66kV 及以上带电线路作业：二级风险。

c. 110kV 及以上带电线路同塔扩建第二回，另一回不停电作业：二级风险。

3）导地线展放。

a. 导地线展放：三级风险。

b. 导地线展放（内含二级风险跨越）：二级风险。

4）紧线、挂线作业。

a. 紧线、挂线作业：三级风险。

b. 紧线、挂线作业（内含二级风险跨越）：二级风险。

5）杆塔附件安装。

a. 附件安装：三级风险。

b. 附件安装（内含二级风险跨越）：二级风险。

（7）线路拆旧：二级风险。

第三节　现场应急处置方案管理

一、基本要求

应急预案管理工作应当遵循统一标准、分类管理、属地为主、分级负责、条块结合、协调衔接、动态管理的原则。

各输变电工程建设单位和业主、监理、施工项目部负责现场应急处置方案的管理和实施工作。

二、现场应急处置方案编制

（1）现场应急处置方案应按照“横向到边、纵向到底、上下对应、内外衔接”的要求进行编制。

（2）现场应急处置方案是针对特定的场所、设备设施、岗位，针对典型的突发事件，制定的处置措施和主要流程，应包括应急组织及职责、应急处置和注意事项等内容。

（3）现场应急处置方案由各输变电工程业主、监理、施工项目部组织编制。

1）编写人：业主项目部安全专责、监理项目部安全专监、施工项目部项目安全员。

2）审查人：业主项目部项目经理、监理项目部总监理工程师、施工项目部项目经理。

3）批准人：建设单位分管领导。

（4）现场应急处置方案的编制，应符合下列基本要求：

1）有关法律、法规、规章和标准的规定。

2）各输变电工程的安全生产实际情况。

3）各输变电工程的危险性分析情况。

4）明确应急组织和人员的职责分工，并有具体的落实措施。

5）有明确、具体的应急程序和处置措施，并与其应急能力相适应。

6）明确应急保障措施，满足各输变电工程的应急工作需要。

7）遵循上级现场应急处置方案编制规范和格式要求，要素齐全、完整，附件信息准确。

8）与上级的应急预案之间以及与所涉及的其他单位或政府有关部门的应急预案在内容上相互衔接。

三、评审和发布

现场应急处置方案的评审由各输变电工程业主、监理、施工项目部负责组织。现场应急处置方案由各输变电工程建设单位分管领导批准发布。

四、备案

现场应急处置方案发布后 20 个工作日内，各输变电工程业主、监理、施工项目部负责向上级建设单位完成报备。

五、培训与演练

（1）各输变电工程业主、监理、施工项目部应当将现场应急处置方案培训作为应急管理培训的重要内容，对与现场应急处置方案实施密切相关的管理人员和作业人员等组织开展现场应急处置方案培训。

（2）各输变电工程业主、监理、施工项目部应结合各工程安全生产和应急管理工作组织现场开展应急处置方案演练，以不断检验和完善现场应急处置方案，提高应急管理水平和应急处置能力。

（3）各输变电工程业主、监理、施工项目部每半年至少开展一次现场应急处置方案培训和演练，且 3 年内各现场应急处置方案至少培训演练一次。

（4）现场应急处置方案可以采取桌面推演、实战演练或其他演练方式。

（5）现场应急处置方案的演练经上级建设单位批准后由各输变电工程业主、监理、施工项目部负责组织。

（6）在开展现场应急处置方案演练前，应制定演练方案，明确演练目的、参演范围及任务、演练时间地点及方式、演练科目及情景设计、安全措施、保障措施、评估方法等。演练方案经批准后实施。

（7）各输变电工程业主、监理、施工项目部应当对演练的准备、方案、组织、实施、效果等进行全过程评估，并针对演练过程中发现的问题，对修订方案、应急准备、应急机制、应急措施提出意见和建议，形成现场应急处置方案演练评估报告。演练评估中发现的问题，应当限期改正。

六、实施和修订

（1）现场应急处置方案的实施由各输变电工程应急工作领导小组领导。各输变电工程业主、监理、施工项目部负责现场应急处置方案的具体组织实施和解释工作。各单位应急管理归口部门负责监督。

（2）各输变电工程业主、监理、施工项目部应当采取多种形式开展现场应急处置方案的宣传教育，普及安全用电常识、应急避险、自救和互救等知识，提高从业人员和社会公众的安全意识与应急处置技能。

（3）各输变电工程业主、监理、施工项目部应当按照现场应急处置方案的规定，完善应急指挥体系，组织应急救援队伍，储备应急物资及装备，建立应急物资、装备配备及其使用档案，并对应急物资、装备进行定期检测和维护，使其处于适用状态。

（4）各输变电工程发生突发事件，业主、监理、施工项目部应当根据应急预案要求立即发布预警或启动应急响应，组织力量进行应急处置，并按照规定将事件信息及应急响应情况报告上级有关单位和部门。

（5）应急处置结束后应对现场应急处置方案的实施效果进行评估，并编制评估报告。

（6）现场应急处置方案有下列情形之一的，应及时进行修订：

1）各输变电工程周围环境发生变化、形成重大危险源的。

2）应急组织指挥体系或者职责发生变化的。

3）依据的法律、法规和标准发生变化的。

4）重要应急资源发生重大变化的。

5）应急处置和演练评估报告提出整改要求的。

6）政府有关部门提出要求的。

（7）现场应急处置方案修订涉及应急组织体系与职责、应急处置程序、主要处置措施、事件分级标准等重要内容的，修订工作应当参照本节规定的方案编制、评审与发布、备案程序组织进行。仅涉及其他内容的，修订程序可根据情况适当简化。

七、组织保障

业主、监理、施工各单位应急管理归口部门应对现场应急处置方案管理工作加强指导和监督，并根据需要编写现场应急处置方案编制指南或模板，指导现场应急处置方案编制工作。

八、检查与考核

业主、监理、施工各单位应急管理归口部门不定期对各输变电工程现场应急处置方案管理工作进行检查，通报检查结果，以指导各项目部不断完善和提升现场应急处置方案管理水平。

现场应急处置方案模板详见附录 B。

第四章

隐患排查治理

第一节 概 述

一、隐患排查的重要意义

某些事故的事故隐患是客观存在的，存在于企业生产全过程，而且对职工的人身安全、国家安全和财产安全及企业的生存构成威胁，对熟悉和掌握隐患产生的原因，消除事故隐患确保安全生产，是落实“安全生产工作应当以人为本，坚持人民至上、生命至上，把保护人民生命安全摆在首位，树牢安全发展理念，坚持安全第一，预防为主、综合治理的方针，从源头上防范化解重大安全风险”原则的具体体现。

国家和政府部门及企业单位高度重视事故隐患排查治理工作，出台了一系列法律法规和规章制度，强化了事故隐患的管理工作。2021 新修订的《中华人民共和国安全生产法》第二十一条第五款规定：“组织建立并落实安全风险分级管控和隐患排查双重预防机制，督促、检查本单位的安全生产工作，及时消除生产安全事故隐患；”是生产经营单位的主要负责人职责之一；国家安全生产监督管理总局第 16 号令颁布了《安全生产事故隐患排查治理暂行规定》、国家电力监管委员会颁发了《电力安全隐患监督管理暂行规定》、国家电网公司制定了《国家电网公司安全隐患排查治理管理办法》《国网安质部关于下达编写重大隐患治理绿色通道管理办法》《国家电网公司关于开展安全隐患排查治理过程考核的意见》等一系列规章制度。

安全生产中出现的事故隐患，通常是指在生产过程中有可能造成人身伤亡或者经济损失的不安全因素，它包含人的不安全因素、物的不安全状态和管理上的缺陷。事故与隐患是相互关联的，发生事故必然存在安全隐患，而有些安全隐患的存在不一定会出现事故。输电线路架设工程具有风险高、环境复杂、设备机具多、管理程序多、技术标准高、参建人员工种多以及人员知识水平参差不齐和时间紧任务重的特点，存在主观和客观上的安全事故隐患。为此，各参建单位人员应从人的不安全因素、物的不安全状态和管理上的缺陷三个方面全面开展事故隐患排查工作，以确保施工安全。为此及时研究并落实防范对策是十分重要的。

二、事故隐患的定义

安全生产事故隐患是指生产经营单位违反安全生产法律、法规、规章、标准、规程和安全生产管理制度的规定，或者因其他因素在生产经营活动中存在可能导致事故发生的物的危险状态、人的不安全行为和管理上的缺失。

安全隐患与设备缺陷有延续性又有区别。超出设备缺陷管理制度规定的消缺周期仍未消除的设备危急缺陷和严重缺陷，即为安全隐患。

安全生产中出现的事故隐患，通常是指在生产、经营过程中有可能造成人身伤亡或者经济损失的不安全因素，它包含人的不安全因素、物的不安全状态和管理上的缺陷。事故隐患主要的有以下十个方面的特性：

1. 隐蔽性

隐患是潜藏的祸害，它具有隐蔽、隐藏潜伏的特点，是不可明见的灾祸，是埋藏在生产过程中的隐形炸弹，它在一定的时间、一定的范围、一定的条件下，显现出好似静止、不变的状态，往往使人一时看不清楚，意识不到，感觉不出它的存在。正由于“祸患常积于疏忽”，才使隐患逐步形成发展成事故。在企业生产过程中，常常遇到认为不该发生事故的区域、地点、设备、工具，却发生了事故。这都与当事者不能正确认识隐患的隐藏、隐匿、潜伏特点有关。事故带来的鲜血告诫我们：隐患就是隐患，隐患不及时认识和发现，迟早要演变成事故。

2. 危险性

俗话说：“蝼蚁之穴，可以溃堤千里”，在安全工作中小小的隐患往往引发巨大的灾害。无数血与泪的历史教训都反复证明了这一点。20 世纪 80 年代的大兴安岭特大森林火灾，就是因为一个烟头而引起，导致死亡 193 人，经济损失达数亿元；20 世纪 90 年代克拉玛依友谊宾馆惨烈的大火，就是因为舞台纱幕布后光柱灯离纱幕布 23cm，灯柱温度过高，引发大火，死亡 325 人，其中

287人是8～14岁儿童；21世纪某地输电线路施工中违反施工工艺发生倒塔事故，造成3人身事故……。以上事实说明，在安全上哪怕一个烟头、一盏灯、一颗螺母、一个小小的疏忽，都有可能发生危险。

3. 突发性

任何事物都存在量变到质变，渐变到突变的过程，隐患也不例外。集小变为大变，集小患而为大患是一条基本规律，所谓“小的闹，大的到”，就是这个道理。

4. 因果性

突发是会有先兆的，正如“燕子低飞鸡晚归，蚂蚁搬家蛇过道”是雷雨到达的先兆一样，隐患是事故发生的先兆，而事故则是隐患存在和发展的必然结果。俗话说：“有因必有果，有果必有因”，在企业组织生产过程中，每个人的言行都会对企业安全管理工作产生不同的效果，特别是企业领导对待事故隐患态度不同，往往会导致安全生产的结果截然不同，所谓“严是爱，宽是害，不管不问遭祸害”，就是这种因果关系的体现。

5. 连续性

实践中，常常遇到一种隐患掩盖另一种隐患，一种隐患与其他隐患相联系而存在的现象。例如在架线施工牵引过程中，如果牵张设备、工具发生隐患故障，就会引起停止牵引工作，可能造成对地距离过低、对带电线路距离不够、跑线等方面的隐患，这种连带、持续发生在生产过程中的隐患，对安全生产构成的威胁很大，搞不好就会导致“拔出萝卜带出泥，牵动荷花带出藕”的现象发生，出现祸不单行的局面。

6. 重复性

事故隐患治理过一次或若干次，并不等于隐患从此销声匿迹，永不发生了，也不会因为发生一两次事故，就不再重复发生类似和重演历史悲剧。只要企业的生产方式、生产条件、生产工具、生产环节等因素不变，同一隐患就会重复发生。甚至在同一区域、同一地点发生与历史惊人相似的隐患、事故，这种重复性也是事故隐患和重要特征之一。

7. 意外性

这里所指的意外性不是天灾人祸，而是指未超出现有安全、技术标准的要求和规定以外的事故隐患。这些隐患潜伏于人机系统中，有些隐患超出人们认识范围，或在短期内很难被劳动者所辨认，但由于它具有很大的巧合性，因而容易导致一些意想不到的事故发生。例如：2m以上高度会造成坠落死亡事故，

1.5m 高度有时同样也会坠落死亡；36V 是安全电压，然而夏季在劳动作业者有汗的情况下，照样会发生触电伤亡事故；劳动者在作业现场易发生伤亡事故，而在更衣室也会被更衣柜或其他桌椅压碰造成伤亡……这些隐患引发的事故，带有偶然性、意外性，往往是我们在日常安全管理中始料不及的。

8. 时效性

尽管事故具有偶然性、意外性的一面，但如果从发现到消除过程中，讲究时效，是可以避免隐患演变成事故的；反之，时至而疑，知患而处，不能有效地把隐患治理在初期，必然会导致严重后果。

9. 特殊性

隐患具有普遍性，同时又具有特殊性。由于人、机、环、料、法的本质安全水平不同，其隐患属性、特征是不尽相同的，在不同行业、不同企业，不同岗位，其表现形式和变化过程更是千差万别。即使同一种隐患，在使用相同的设备、相同的工具从事相同性质的作业时，其隐患存在也会有差异。例如，某企业车间用多台行车，所使用的钢丝绳，其吊具规格、质量等方面要求都基本相同，周期性出现断毛等隐患是其共性。但各台行车使用的频率、作业环境、作业内容、包括操作者的技术素质程度的不同，其使用同期、断毛磨损的部位、程度是不同的。某二台行车由于其钢丝绳有一段被固定在中间滑轮组的位置上，它的一个端面始终与高温接触，并处于受力点，极易引起脆断。如果在实践中不认识这种隐患存在的特殊性，及时采取定期抽检，适时移动受力位置等措施。而运用跟其他钢丝绳相同的监控检查办法，就很难发现成股脆断，由此所造成的后果必然是非常严重的。

10. 季节性

某些隐患带有明显的季节性特点，它随着季节性的变化而变化。夏季由于天气炎热、雷雨多、温度高、食物易腐烂变质等情况出现，必然会带来人员中暑、食物中毒、洪涝、雷击等安全隐患。冬季由于天寒地冻、风干物燥，极易产生火灾、冻伤、气体中毒等事故隐患……充分认识各个季节特点，适时地、有针对性地做好隐患季节性防治工作。

三、隐患分类分级

1. 隐患分类

安全隐患分为电网、设备、人身、基建、网络、消防、水电及新能源、产业、危化品和其他共十大类。

2. 隐患分级

根据可能造成的事故后果和危害程度，安全隐患分为Ⅰ级重大事故隐患、Ⅱ级重大事故隐患、一般事故隐患。

（1）Ⅰ级重大事故隐患，指可能造成以下后果的安全隐患：

1）1～2 级人身、电网或设备事件。

2）重大及以上交通、火灾事故。

3）重大及以上环境污染事故。

（2）Ⅱ级重大事故隐患，指可能造成以下后果的安全隐患：

1）3～4 级人身、电网或设备事件。

2）5 级信息系统事件。

3）较大或一般交通、火灾事故。

4）较大或一般环境污染事故。

5）安全管理存在严重缺失。

（3）一般事故隐患，指可能造成以下后果的安全隐患：

1）5～8 级人身事件。

2）5～7 级电网、设备事件。

3）6～7 级信息系统事件。

4）安全管理存在缺失。

5）其他对社会造成一定影响的隐患。

安全隐患分级认定标准见表 4－1。

表 4－1　　安全隐患分级认定标准

分类	Ⅰ级重大事故隐患	Ⅱ级重大事故隐患	一般事故隐患	依据
人身	1～2 级人身事件	3～4 级人身事件	5～8 级人身事件	《国家电网有限公司关于印发〈国家电网有限公司安全事故调查规程〉的通知》（国家电网安监〔2020〕820 号）
电网	1～2 级电网事件	3～4 级电网事件	5～7 级电网事件	
设备	1～2 级设备事件	3～4 级设备事件	5～7 级设备事件	
信息系统	—	5 级信息系统事件	6～7 级信息系统事件	
交通	1. 特别重大死亡事故：造成 30 人以上死亡； 2. 重大死亡事故：造成 10 人以上 29 人以下死亡	1. 较大死亡事故：造成 3 人以上 9 人以下死亡； 2. 一般死亡事故：造成 1 人以上 2 人以下死亡	造成人员轻伤，或者社会影响的交通事故	国家电网公司安全事故调查规程（国网安监〔2011〕2024 号）

续表

分类	Ⅰ级重大事故隐患	Ⅱ级重大事故隐患	一般事故隐患	依据
火灾	1. 特别重大事故，是指造成30人以上死亡，或者100人以上重伤（包括急性工业中毒，下同），或者1亿元以上直接经济损失的事故； 2. 重大事故，是指造成10人以上30人以下死亡，或者50人以上100人以下重伤，或者5000万元以上1亿元以下直接经济损失的事故	1. 较大事故，是指造成3人以上10人以下死亡，或者10人以上50人以下重伤，或者1000万元以上5000万元以下直接经济损失的事故； 2. 一般事故，是指造成3人以下死亡，或者10人以下重伤，或者1000万元以下直接经济损失的事故	1. 生产经营场所发生火灾，对公司造成一定影响及以上的； 2. 变电站（换流站）以及发电厂的火灾自动报警系统、固定自动灭火系统［如水（泡沫）喷雾灭火系统、排油注氮灭火系统等］、消防给水系统等，在发生火灾火警时无法正常使用	Ⅰ、Ⅱ级重大事故隐患依据《生产安全事故报告和调查处理条例》（国务院493号令），一般事故隐患依据《国家电网有限公司关于印发〈国家电网有限公司安全事故调查规程〉的通知》（国家电网安监〔2020〕820号）
大坝	可能造成水电站大坝或者燃煤发电厂贮灰场大坝溃决的事故隐患	可能造成水电站大坝漫坝、结构物或边坡垮塌、泄洪设施或挡水结构不能正常运行的事故隐患，或者造成燃煤发电厂贮灰场大坝断裂、倒塌、滑移、灰水灰渣泄漏、排洪设施损坏的事故隐患	1. 水电厂（含抽水蓄能电站）大坝漫坝、水淹厂房或由于水工设备、水土建筑损坏等其他原因，造成水库不能正常蓄水、泄洪； 2. 水电厂在泄洪过程中发生消能防冲设施破坏、下游近坝堤岸垮塌； 3. 水库库盆、输水道等出现较大缺陷，并导致非计划放空处理；或由于单位自身原因引起水库异常超汛限水位运行； 4. 水电厂（含抽水蓄能电站）泄洪闸门等重要防洪设施不能按调度要求启闭	Ⅰ、Ⅱ级重大事故隐患依据《关于印发〈电力安全隐患监督管理暂行规定〉的通知》（电监安全〔2013〕5号），一般事故隐患依据《国家电网有限公司关于印发〈国家电网有限公司安全事故调查规程〉的通知》（国家电网安监〔2020〕820号）
环境污染	1. 特别重大突发环境事件； 2. 重大突发环境事件，具体见《国家突发环境事件应急预案》（国办函〔2014〕119号）	1. 较大突发环境事件； 2. 一般突发环境事件，具体见《国家突发环境事件应急预案》（国办函〔2014〕119号）	1. 火工品、剧毒化学品、放射品丢失，或因泄漏导致环境污染造成重大影响者； 2. 酸、碱、氨水等液体大量向外泄漏，造成环境污染	Ⅰ、Ⅱ级重大事故隐患依据《国家突发环境事件应急预案》（国办函〔2014〕119号），一般事故隐患依据《国家电网有限公司关于印发〈国家电网有限公司安全事故调查规程〉的通知》（国家电网安监〔2020〕820号）
飞行	特别重大飞行事故： （1）人员死亡，死亡人数在40人及其以上者； （2）航空器失踪，机上人员在40人及其以上者	重大飞行事故： （1）人员死亡，死亡人数在39人及其以下者； （2）航空器严重损坏或迫降在无法运出的地方（最大起飞重量5.7t及其以下的航空器除外）； （3）航空器失踪，机上人员在39人及其以下者	一般飞行事故。 具体见《飞行民用航空器事件调查规定》（中华人民共和国交通运输部令2020年第2号）	Ⅰ、Ⅱ级重大事故隐患和一般事故隐患依据《飞行民用航空器事件调查规定》（中华人民共和国交通运输部令2020年第2号）

续表

分类	Ⅰ级重大事故隐患	Ⅱ级重大事故隐患	一般事故隐患	依据
其他	—	安全管理严重缺失： 安全监督管理机构未成立，安全责任制未建立，安全管理制度、应急预案严重缺失，安全培训不到位，应急演练和培训未开展，水电站大坝安全注册和定期检查未开展等	安全管理存在缺失： 安全监督管理机构不完善、安全责任制未落实、安全管理制度部分缺失、应急预案不完善，安全培训不规范，应急演练开展不规范等	《关于印发〈电力安全隐患监督管理暂行规定〉的通知》（电监安全〔2013〕5号）

四、隐患认定

安全隐患等级应在客观因素最不利的情况下，按照其可能直接造成的最严重后果来认定。不同类型的隐患，应按照其可能导致不同等级事故（事件）的最严重程度认定。

1. 人身安全隐患的认定

（1）死伤人数按隐患可能导致的最严重后果计算，可能导致重伤的按死亡计算。

（2）在特定条件下，确认不会导致人身死亡和重伤的隐患，可以认定为人身轻伤。

2. 电力安全事故（事件）隐患的认定

（1）在认定隐患可能造成发电厂或者变电站全厂（站）对外停电事故（事件）时，不考虑其可能对电网造成的电压波动。

（2）在认定隐患可能造成发电机组故障停运事故（事件）时，不考虑其可能导致的电网减负荷。

（3）在认定隐患可能造成电网减供负荷和城市供电用户停电事故（事件）时，县供电企业事故等级认定可参照县级市事故等级的认定。

（4）供热电厂停止供热是指所有时间段的供热中断。

3. 设备设施事故隐患的认定

（1）设备设施事故隐患的认定应按照隐患可能造成最严重的设备设施损坏计算。造成设备部分零部件损坏，但无法更换损坏零部件的，应计算整套设备的损失。

（2）隐患可能造成的财产损失费用，包括固定资产损失，或者为恢复其功能所发生的备品配件、材料、人工、运输、清理等费用以及事故罚款、赔偿费用等。

（3）设备设施的修复和整改时间认定，按照设备设施正常采购、修复及更换时间来计算，特殊设备考虑厂家标准制造时间。

4. 安全管理隐患的认定

（1）安全监督管理机构未成立，是指未按照国家有关法规要求设立独立的安全监督管理机构。

（2）安全责任制未建立，是指未能明确企业各级领导、各职能部门、工程技术人员和现场生产人员在生产运营和建设施工中应负有的安全责任。

（3）安全管理制度严重缺失，是指按照发电、供电企业和电力建设项目安全生产标准化规范及达标评级标准要求，法律法规与安全管理制度部分得分没能达到36分以上的。

（4）应急预案严重缺失，是指企业未能按照《生产经营单位安全生产事故应急预案编制导则》（AQ－T 9002—2006）以及本单位的组织结构、管理模式、生产规模和风险种类等特点，编制综合应急预案；或者编制的应急预案内容不符合《电力企业专项应急预案编制导则（试行）》和《电力企业现场处置方案编制导则（试行）》的基本要求。

（5）安全培训不到位，是指未按照规定实行三项岗位人员（企业主要负责人、安全管理人员和特种作业人员）持证上岗和先培训后上岗制度。

（6）应急演练未开展，是指没有开展应急演练或虽已开展应急演练但无相关记录和总结的。

5. 火灾事故隐患的认定

（1）影响人员疏散或者灭火救援的。

（2）消防设施不完好有效，影响防火灭火功能的。

（3）擅自改变防火分区，容易导致火势蔓延、扩大的。

（4）在人员密集场所违反消防安全规定，使用、存储易燃易爆化学品的。

（5）不符合城市消防安全布局要求，影响公共安全的。

（6）其他违反消防法规的情形。

6. 环境污染事故隐患的认定

按照因危险源泄漏，可能对人身、设备设施、大气、水源等方面造成的危害程度以及因环境污染可能引发的跨行政区域纠纷的严重程度认定。

五、事故隐患排查治理

各级单位应将安全隐患排查治理纳入日常工作，按照排查发现→评估审核→防控治理→验收销号的流程形成闭环管理。

1. 排查发现

各级单位、各专业应采取技术、管理措施，结合常规工作、专项工作和监督检查工作排查、发现安全隐患。排查方式主要有日常隐患排查、定期隐患排查、专项隐患排查、外部检查等。其中：

日常隐患排查包括日常设备巡视检查；检修预试、在线监测；各级生产管理人员的日常检查；依据重点隐患排查标准开展的标准化排查。

定期隐患排查包括电网年度和临时运行方式分析；迎峰度夏（冬）、防汛防台等季节性隐患排查；各类安全性评价、安全标准化查评、重大危险源和状态评估、大坝定检与注册、“两措”检查；对重点领域、倾向性、苗头性和危急问题的专家诊断式排查。

专项隐患排查包括重大法定节假日、社会活动、庆典等具有重大影响和特定规模的安全保电排查；结合国家、行业、企业安全生产形势等组织开展的专项或专业检查；复工复产等重点时段的排查；对照事故通报（快报）开展的类比排查。专项排查应依据有关安全生产法律、法规或者设计规范、技术标准以及企业的安全生产目标等编制排查方案，确定排查目的、对象、内容、时间、人员、记录要求等内容。

外部检查包括政府执法检查；政府安全生产专项督查。

2. 评估审核

重大隐患由省公司级单位分管领导或总部相关职能部门认定；一般隐患由地市公司级单位专业职能部门认定。

县公司级单位对于发现的隐患应立即进行评估。初步判定为一般隐患的，1 周内报地市公司级单位专业职能部门，地市公司级单位接报告后 1 周内完成专业评估审核；初步判定为重大隐患的，立即报地市公司级单位专业职能部门审核，经评估仍为重大隐患的，地市公司级单位立即上报省公司级单位专业职能部门评估审核，分管领导审定后 3 天内反馈核定意见，地市公司级单位接核定意见后，应于 24h 内通知重大隐患所在单位。

地市公司级单位应在 24h 内，向省公司级单位专业职能部门和安全监察部门报送重大隐患详细报告。

3. 防控治理

安全隐患一经确定，隐患所在单位应立即采取防止隐患发展的控制措施，防止事故发生，同时根据隐患具体情况和急迫程度，及时制定治理方案或措施，限期整改。

（1）重大隐患治理应制定治理方案，由省公司级单位专业职能部门负责或委托地市公司级单位编制，省公司级单位审查批准，在核定隐患后 30 天内完成编制、审批，并由专业部门定稿后 3 天内抄送省公司级单位安全监察部门备案，受委托管理设备单位应在定稿后 5 天内抄送委托单位相关职能部门和安全监察部门备案。

重大隐患治理方案应包括隐患的现状及其产生原因；隐患的危害程度和整改难易程度分析；治理的目标和任务；采取的方法和措施；经费和物资的落实；负责治理的机构和人员；治理的时限和要求；防止隐患进一步发展的安全措施和应急预案。

（2）一般隐患治理应制定治理方案或管控（应急）措施，由地市公司级单位负责在审定隐患后 15 天内完成。

（3）安全隐患治理应结合电网规划和年度电网建设、技改大修、检修维护等及时落实项目和资金，做到责任、措施、资金、期限和应急预案“五落实”。

（4）公司总部、分部、省公司级单位和地市公司级单位应建立安全隐患治理绿色通道，对若不迅速治理极可能导致事故发生，但所需的资金、物资等未列入年度综合计划和预算的，应对隐患治理所需资金、物资及时调剂和保障供应。

（5）隐患排查治理情况应当如实记录，并通过信息公示栏等方式向从业人员通报。重大隐患治理情况应当及时向政府负有安全生产监督管理职责的部门和本单位职代会“双报告”。

（6）安全隐患在治理完成前或者治理过程中无法保证安全的，应当从危险区域内撤出作业人员，设置警戒标志，暂时停工停产或者停止使用相关设施、设备；重大隐患完成治理并经验收合格后，方可恢复生产和使用。

（7）未能按期治理消除的重大隐患，经重新评估，仍确定为重大隐患的须重新制定治理方案，进行整改。对经过治理、危险性确已降低、虽未能彻底消除但重新评估定级降为一般隐患的，经省公司级单位核定可降为一般隐患进行管理，在重大隐患中销号，但省公司级单位要动态跟踪直至彻底消除。

（8）未能按期治理消除的一般隐患，应重新进行评估，依据评估后等级纳入相应流程处置，重新编号，原有编号消除。

4. 验收销号

（1）隐患治理完成后，隐患所在单位应及时报告有关情况、申请验收。省公司级单位组织对重大隐患治理结果进行验收，地市公司级单位组织对一般隐患治理结果进行验收。

（2）隐患治理结果验收应在提出申请后 10 天内完成。重大隐患治理应有书面验收报告，并由专业部门定稿后 3 天内抄送省公司级单位安全监察部门备案，受委托管理设备单位应在定稿后 5 天内抄送委托单位相关职能部门和安全监察部门备案。

（3）在隐患通过验收并确定已彻底消除后，隐患所在单位对隐患进行销号，隐患管理相关过程资料妥善保管存档。

（4）各级单位应依托安委会和年、月、周安全生产例会，分析、总结安全隐患排查治理工作情况，协调解决项目、资金等问题。

（5）各级单位应建立隐患排查治理专家队伍，适时组织开展重点领域、重点隐患的专家诊断式排查，对所属单位隐患排查治理工作开展监督检查，确保隐患排查全面、防控到位、治理彻底、账实一致。安全隐患排查治理工作流程图如图 4－1～图 4－3 所示。

六、挂牌督办

安全隐患实行逐级挂牌督办制度。

国网公司总部对Ⅰ级重大隐患实施挂牌督办；省公司级单位对Ⅱ级重大隐患实施挂牌督办；地市公司级单位对整改难度大、治理周期长的一般隐患实施挂牌督办；重大隐患应当提级由企业安全生产第一负责人督办。

建立重大隐患“两单一表”（签发督办单－制定管控表－上报反馈单）管控机制：

（1）签发安全督办单。获知或直接发现下级单位存在重大隐患的，由发出单位分管负责人或安全监督管理部门负责人签发安全督办单，对下级单位的整改工作进行全程督导。

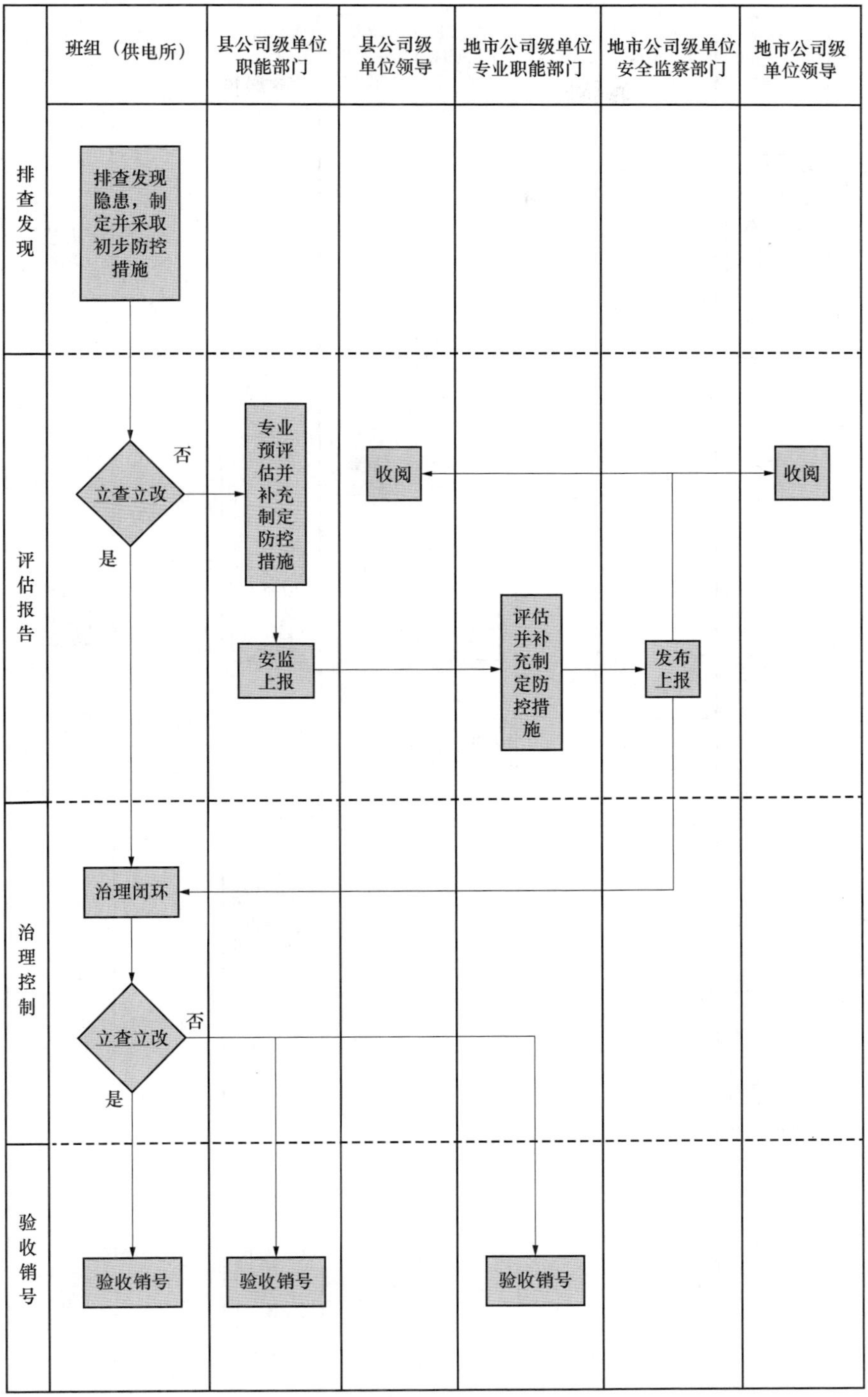

图 4－1　一般隐患治理工作流程

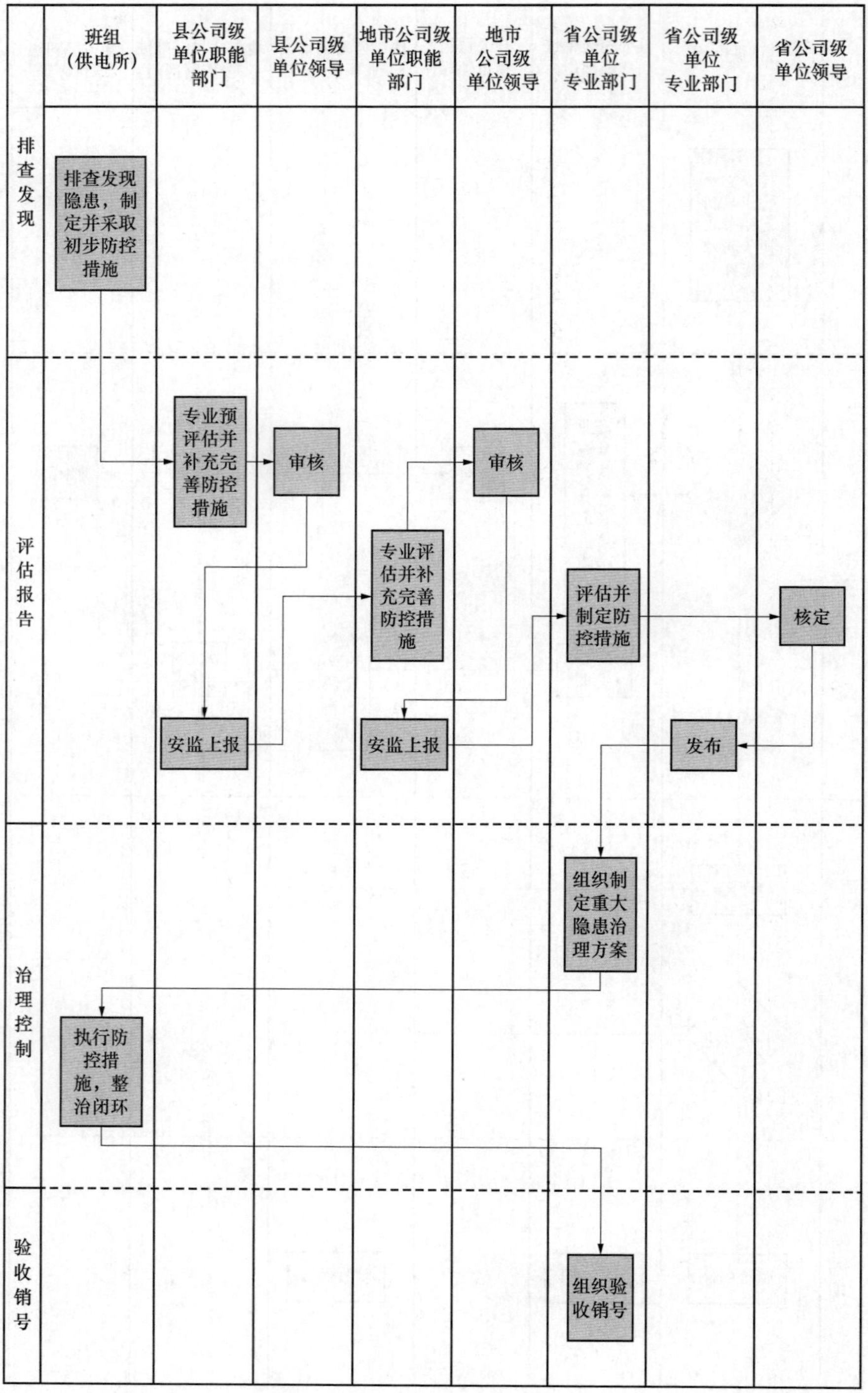

图 4-2 重大隐患治理工作流程

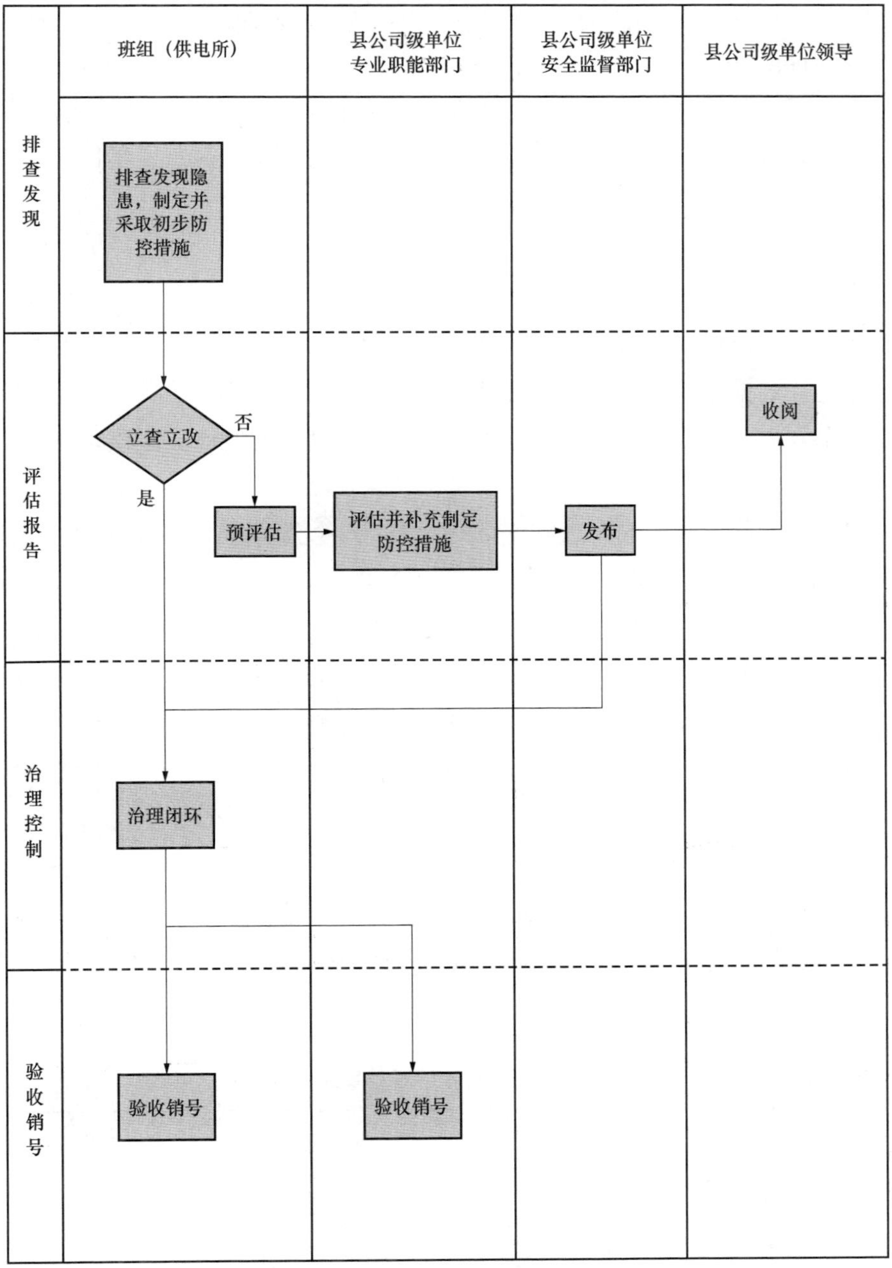

图 4－3　安全事件隐患排查治理工作流程

（2）制定安全整改过程管控表。督办单接收单位在接到督办单5日内，完成安全整改过程管控表编制，明确主要整改措施、责任单位（部门）和计划节点，本单位主要负责人签字、盖章后报发出单位（部门）备案。

上报安全整改反馈单。督办单接收单位完成整改后5日内，填写安全整改反馈单，并附佐证材料，本单位主要负责人签字、盖章后报发出单位（部门）备案。

七、信息报送

（1）各级单位安全监督部门应明确一名专责人，负责安全隐患的汇总、统计、分析、数据库管理、信息报送等工作。各级单位相关专业职能部门应明确一名安全隐患管理专责人，负责专业范围内安全隐患的统计、审核、分析、信息报送等工作。

（2）重大隐患和一般隐患需逐级统计、上报至公司总（分）部；涉及消防、环保、防洪、航运和灌溉等重大隐患，应同时报告地方政府有关部门协调治理。

（3）各单位应当每月、每季、每年对本单位隐患排查治理情况进行统计分析，每月26日前向公司总部上报安全隐患排查治理月报表，每季度末月15日、当年12月15日前向总部上报安全隐患排查治理季度和年度工作总结。

（4）各级单位应按规定向地方政府电力监管机构报送安全隐患统计信息和工作总结。

（5）各级单位应运用安全隐患排查治理信息系统，实现隐患“一个库”管理。每年应开展一次隐患档案数据分析，查找隐患成因，向规划设计、物资采购、工程建设等前端环节反馈，从源头治理隐患。

安全隐患排查治理档案表如表4－2所示。

表4－2　安全隐患排查治理档案表

<table>
<tr><td rowspan="5">发现（基本信息）</td><td>隐患简题</td><td colspan="3"></td><td>隐患来源</td><td></td><td>类型（能源局）</td><td></td></tr>
<tr><td>隐患编号</td><td></td><td>隐患所在单位</td><td></td><td>专业分类①</td><td></td><td>详细分类</td><td></td></tr>
<tr><td>发现人</td><td></td><td>发现人单位</td><td></td><td>发现日期</td><td colspan="3"></td></tr>
<tr><td>事故隐患内容</td><td colspan="7"></td></tr>
<tr><td>可能导致后果</td><td colspan="3">××级××（人身、电网、设备、信息系统）事件</td><td>归属职能部门</td><td colspan="3"></td></tr>
</table>

续表

<table>
<tr><td>预评估</td><td>隐患等级</td><td></td><td>预评估负责人签名</td><td></td><td>预评估负责人签名日期</td><td colspan="4"></td></tr>
<tr><td>评估</td><td>隐患等级</td><td></td><td>评估负责人签名</td><td></td><td>评估负责人签名日期</td><td colspan="4"></td></tr>
<tr><td>核定</td><td>隐患等级</td><td></td><td>评估负责人签名</td><td></td><td>评估负责人签名日期</td><td colspan="4"></td></tr>
<tr><td rowspan="7">治理</td><td>治理责任单位</td><td colspan="2"></td><td>治理责任人</td><td colspan="5"></td></tr>
<tr><td>治理期限</td><td>自</td><td></td><td>至</td><td colspan="5"></td></tr>
<tr><td>项目类型</td><td colspan="2">基建、技改、大修</td><td>项目批准单位</td><td></td><td colspan="2">项目编号</td><td colspan="2"></td></tr>
<tr><td>防控措施或治理方案②</td><td colspan="8"></td></tr>
<tr><td>治理完成情况</td><td colspan="8"></td></tr>
<tr><td>治理完成日期</td><td colspan="3"></td><td>隐患治理资金（万元）</td><td colspan="4"></td></tr>
<tr><td rowspan="2">验收</td><td>验收意见</td><td colspan="3"></td><td>是否消除</td><td colspan="4"></td></tr>
<tr><td>验收组织单位</td><td colspan="3"></td><td>验收负责人</td><td></td><td colspan="2">验收日期</td><td></td></tr>
</table>

注　1. 对于评估流程，重大事故隐患填写预评估、评估、核定 3 个栏目。一般事故隐患填写预评估、评估 2 个栏目。

2. 对于需要立项的隐患必须填写项目类型、项目批准单位、项目编号字段。

① 专业分类中，设备类分为设备（输电）、设备（变电）、设备（配电）、设备（发电）、设备（通信）。

② 重大事故隐患需上传治理方案，一般事故隐患填写防控和治理措施。

第二节　常见隐患排查治理

任何一起事故的发生一般都与人的不安全因素、物的不安全状态和管理上的缺陷相关，这三者之间是你中有我，我中有你，并非是独善其身的。因此，在隐患排查工作中应全面分析三者的问题，查找到真正存在的隐患。并采取可行的措施进行有效治理，以确保施工安全。其中输电线路架设施工因具有其特殊性、复杂性，是一项高风险的作业，隐患排查治理工作应特别予以重视。

一、隐患表现形式

1. 人的不安全因素

（1）忽视安全，忽视警告，操作错误。

（2）人为造成安全装置失效。

（3）使用不安全设备。

（4）用手代替工具操作。

（5）物体存放不当。

（6）冒险进入危险场所。

（7）攀坐不安全位置。

（8）有干扰的分散注意力的行为。

（9）忽视个体劳动防护用品、用具的使用或未能正确使用。

2. 物的不安全状态

（1）防护、保险、信号等装置缺乏或有缺陷。

（2）设备、工具、设施、附件有缺陷。

（3）劳动防护用品缺乏或有缺陷。无必要的防护器具及个人防护用品，或者不符合要求。

（4）生产（施工）场地作业环境不良。作业环境乱、作业空间狭窄、高温、低温、雷雨雪、照明不满足要求等。

3. 管理上的缺陷（缺失）

（1）技术和设计上的缺陷。

（2）安全生产技术教育培训不够。

（3）劳动组织不合理。

（4）对现场工作缺乏检查或指导错误。

（5）没有安全生产管理规章制度和安全操作规程，或不健全。

（6）对事故隐患整改不力，经费不落实。

二、输电线路架设施工常见隐患

输电线路架设施工是一项集风险高、技术复杂、质量标准高、环境复杂、涉及工种多、高处作业多、机具使用频繁等诸多特点的作业，其存在的各类事故隐患可能会造成人身伤害、设备损坏和经济损失以及不良社会影响。为此，输电线路架设施工全面准确开展排查隐患排查治理工作有着重大意义。

1. 基础施工作业

（1）未编制施工方案，或施工方案未经审批，或未向全员交底。

（2）施工方案未带至作业现场。

（3）未使用施工作业票，或作业票填写不规范，部分作业人员与工作票面人员不对等。

（4）现场关键岗位人员未按要求配备或未全员到岗。

（5）现场施工用电设施未按规定和标准进行安装。

（6）现场作业人员未按规定正确佩戴合格的安全帽，高处作业人员未使用安全带。

（7）现场未设置安全带挂设符合要求的专用挂点，出现以树木或岩石进行代替。

（8）上下基坑未使用梯子。

（9）深基坑施工未编制专项施工方案；未配全通风或气体检测设备，或设备使用不规范。

（10）挖掘机与临边的安全距离不满足要求；堆土位置距离临边距离不符合要求。

（11）已开挖或已开挖好的基坑未设置安全围栏。

（12）基坑下作业未做防塌方措施或措施不符合要求。

（13）现场作业人员着装未按标准要求穿戴。

（14）现场开挖出的土石未按要求清理。

（15）现场作业人员应急救援预案演练未开展。

2. 杆塔组立作业

（1）未编制施工方案，或施工方案未经审批，或未向全员交底。

（2）施工方案未带至作业现场。

（3）未使用施工作业票，或作业票填写不规范，部分作业人员与工作票面人员不对等。

（4）现场关键岗位人员未按要求配备或未全员到岗。

（5）高处作业下方未设置安全围栏，或安全围栏安全范围不满足规程要求。

（6）高处作业时安全带未高挂低用，没有考虑缓冲带的安全距离。

（7）交叉作业，下方人员没有采取保护措施。

（8）工具、设备和材料在高处没有防坠落保护措施。

（9）高处作业人员在高处移位时没有100%做好防坠落保护。

（10）现场作业人员未规定正确佩戴合格安全帽。

（11）起吊设备超荷载作用。

（12）起吊用钢丝绳、绳索存在缺陷。

（13）施工机具存在缺陷。

（14）现场受力点布置不符合要求。

（15）现场作业场地狭窄，或地形起伏。

（16）抱杆使用不当。

（17）在带电线路下方或临近处机具与带电体距离不满足规程要求，施工机具未安装保护接地线。

（18）起吊机具使用不规范。

（19）起吊用钢丝绳以小代大。

（20）在恶劣气象条件下施工。

（21）部分作业人员未取得相应的培训合格证或特殊工种作业证。

（22）现场勘察不仔细全面，未采取针对性的防范措施。

（23）使用未经试验合格或未试验的工器具。

（24）杆塔组立中未及时安装螺栓或螺栓未坚固到位。

（25）杆塔组立完成后未验收检查安装质量。

3. 架线阶段施工作业

（1）未编制施工方案，或施工方案未经审批，或未向全员交底。

（2）施工方案未带至作业现场，或擅自改变施工方案。

（3）未使用施工作业票，或作业票填写不规范，部分作业人员与工作票面人员不对等。

（4）现场关键岗位人员未按要求配备或未全员到岗。

（5）高处作业下方未设置安全围栏，或安全围栏安全范围不满足规程要求。

（6）架线线未对全部杆塔进行验收消缺。

（7）跨越架未进行验收并挂牌。

（8）各路口、各跨越未派专人看守。

（9）对通道内各交跨物（电力、通信等）未做好保护措施。

（10）导地线牵引过程中被卡住。通信不通畅。

（11）施工机具配置不合理。紧线器不匹配使用。

（12）操作人员违反操作规程，野蛮操作。在恶劣气象条件下施工。

（13）牵引长度过长。

（14）导地线未做好保护。

（15）紧线张力过大。

（16）紧线挂线顺序错误。

（17）紧线质量不符合要求。

（18）杆塔防倒塌措施未做好。

（19）导地线压接方法、工艺不符合规程要求。

（20）关键岗位人员未按规定配备齐全。

4. 附件安装阶段施工作业

（1）未使用操作票、工作票，或票面不合格。

（2）未做好防感应电触电措施。

（3）未做好防高空落物措施。

（4）未做好上下层交叉作业的防护措施。

（5）工器具选配不符合要求。

（6）高处作业人员不正确使用安全带。

（7）提升时未做好防导、地线脱落措施，以及保护措施。

（8）未设置防护安全围栏。

（9）在恶劣气象条件下作业。

5. 其他隐患

（1）不顾职工身体实际情况，强令加班加点，超负荷劳动。无视安监部门的整改通知要求，未及时消除安全隐患。安排未经安全教育和技术培训或安全考核不合格的人员进行现场工作。

（2）违章指挥，默认工作违章作业，冒险作业、在没有可靠的技术措施和安全保障措施的状态下工作。

（3）施工结束后不认真及时终结作业票，不清理现场。

（4）擅自移动安全设施或变更作业票中的安全措施进行工作。

（5）不严格执行开工前“三交三查”。

（6）设计不当造成导线对地、对树木距离不足。

（7）设计不当造成电气距离不足。

三、隐患排查治理

1. 隐患排查

（1）依据相关安全管理规程、技术规程以及结合以往工程存在的问题，组织开展全面的排查工作。

（2）结合每年春、秋二季安全大检查、安全性评价、安全巡查、“安全月活动”、专项检查等开展隐患排查。

（3）利用反违章稽查、“四不二直”检查开展隐患排查。

（4）利用班组自查、项目部督查、单位稽查、监理盯查开展隐患排查。

（5）加强施工图审查、施工过程复合、工程三级验收以及竣工验收排查。

（6）加强开工前、工序转序的资料审查。

2. 隐患治理

（1）落实各级人员的责任制，明确责任人，加大考核力度。

（2）对于排查出的隐患，根据要求建立档案和治理措施方案，落实部门和人员限期完成整改。

（3）由专业技术人员在开工前认真编制好施工方案和专项施工方案，报相关部门进行审核，并经领导批准，方案作为开工和转序的必备条件之一。

（4）加强人员安全教育和技术技能培训，提升全员的综合素质。

（5）根据相关要求，上岗人员必须持证上岗，特种作业人员必须建立相关档案，专人跟踪管理通报，确保证件有效。

四、事故隐患案例

2020 年 7 月 2 日，湖南省送变电工程有限公司施工承包的湖南衡阳衡南堆子岭 220kV 输变电工程，发生一起深基坑窒息事故（以下简称“7·2”事故），造成 5 名专业分包作业人员死亡，直接经济损失 665 万元。

1. 事故经过

事故发生在 G30 号塔基的 B 基坑内混凝土浇筑作业（G30 号塔基共有 A、B、C、D 4 个基坑）。B 基坑孔径 2m，深 12.4m。7 月 2 日上午 6 时左右，施工项目部副经理安排施工人员李××（现场工作负责人）、覃××、付××、李××、唐××、段××、蒋××、傅××、刘××、覃××10 人对 G30 号塔基坑进行混凝土浇筑作业。李××发现 G30 号塔基 B 基坑内的声测管松动，便安排覃××下基坑绑扎声测管。覃××未采取任何安全措施即下基坑作业，下到坑底后，发出呼救声，接着晕倒。付××和李××听到呼救声后未采取任何安全措施便下基坑救人。在基坑中，李××看到付××晕倒，感到情况不妙就往上爬，爬了约 4m 坠落坑底。在基坑口的李××、唐××两人见状也下坑施救，李××到坑底后很快倒地，唐××下到离坑底约 3m 时开始往上爬，爬了约 2m 后坠落坑底。经抢救无效死亡。遇难 5 人系一氧化碳中毒死亡。

2. 直接原因

G30 号塔基坑周边岩土中的有机物质经化学反应生一氧化碳在雨水和气压的影响下沿着岩石裂隙通道逸散并集聚在 B 基坑内，施工现场负责人李新建擅自改变作业票工作内容，在未进行通风和有毒有害气体检测的情况下，安排安全监护人覃××下到 G30 号塔 B 基坑作业，覃××中毒晕倒后，李××盲目组织下基坑施救，导致事故扩大。

3. 事故隐患

（1）没有采用严格考核督促安全生产责任制的落实。

（2）未建立安全教育培训档案，安全培训内容针对性时效性不强，没有针对下基坑作业进行有效的培训。

（3）安全管理主体责任落实不到位，公司及专业部门负责人没有深入现场，长期不到岗履行职责，导致公司的安全管理制度、施工安全管控措施没能落实到项目建设施工全过程，项目现场管理混乱，施工人员违章作业，安全措施没有有效落实。

（4）未采取任何安全防护措施下基坑作业。

（5）应急演练没有取得预期效果，对作业人员的应急救援教育培训不到位，应急救援演练缺乏实效性。

（6）前期发现的隐患整改落实不到位。

4. 隐患治理

（1）健全现场管理体系。执行成建制作业层班组建设要求，落实安全培训、应急演练、反违章等安全管理措施。针对危险性较大的工程，施工承包单位要对专业分包单位进行安全技术交底，作业全过程派员监督。

（2）压紧压实现场安全责任。施工单位要对施工现场安全负总责，督促专业分包单位落实安全管理措施。监理单位要严格开展安全监理，按规定开展旁站、巡视，核实风险作业条件，查处违章行为，跟踪督促违章问题闭环。建设单位要掌握现场安全管理情况，督导现场整改安全问题，对管理混乱、存在严重违章的单位，实施“黑名单”、负面清单等惩戒措施。

（3）抓好作业风险安全管控。要提前全面辨识工程项目作业风险，制定针对性安全管控措施，作业前开展风险复核，组织安全交底，确保每一名作业人员清楚个人职责、风险点和安全作业要求。

（4）加强有限空间作业安全管理。要开展有限空间作业专项培训，提升作业人员、监护人员的安全意识和安全作业、监护、救援能力。落实风险评估和作业审批要求，遵守“先通风、再检测、后作业”的作业程序，配齐配足安全防护和应急器材，坚决杜绝在检测、防护、监护等安全条件未确认的情况下实施作业和盲目施救。

第五章

施工现场的安全设施

安全设施是指企业（单位）在生产经营活动中，将危险因素、有害因素控制在安全范围内，以及预防、减少和消除危害所配置的安全标志、设备标志、安全警示线和安全防护设施等的统称。

第一节　安　全　标　志

一、安全标志的含义和使用要求

安全标志是指用以表达特定安全信息的标志，由图形符号、安全色、几何形状（边框）和文字构成。安全标志分为禁止标志、警告标志、指令标志、提示标志四大基本类型。

禁止标志：禁止或制止人们不安全行为的图形标志。

警告标志：提醒人们对周围环境引起注意，以避免可能发生危险的图形标志。

指令标志：强制人们必须做出某种动作或采用防范措施的图形标志。

提示标志：向人们提供某种信息（如标明安全设施或场所等）的图形标志。

安全标志一般采用标志牌的形式，宜使用衬边，以使安全标志与周围环境之间形成较为强烈的对比。安全标志所用的颜色、图形符号、几何形状、文字，标志牌的材质、表面质量、衬边及型号选用、设置高度、使用要求应符合GB 2894—2008《安全标志及其使用导则》的规定。

安全标志牌应设在与安全有关场所的醒目位置，便于走近这些场所的人们看见，并有足够的时间来注意它所表达的内容。环境信息标志宜设在有关场所的入口处和醒目处；局部环境信息应设在所涉及的相应危险地点或设备（部件）的醒目处。安全标志牌不宜设在可移动的物体上，以免标志牌随母体物体相应移动，影响认读。标志牌前不得放置妨碍认读的障碍物。多个标志在一起设置时，应按照警告、禁止、指令、提示类型的顺序，先左后右、先上后下排列，且应避免出现相互矛盾、重复的现象。也可以根据实际，使用多重标志。

安全标志牌的固定方式分附着式、悬挂式和柱式。附着式和悬挂式的固定应稳固不倾斜，柱式的标志牌和支架应连接牢固。临时标志牌应采取防止倾倒、脱落、移位措施。安全标志牌应设置在明亮的环境中。安全标志牌设置的高度尽量与人眼的视线高度相一致，悬挂式和柱式的环境信息标志牌的下缘距地面的高度不宜小于 2m，局部信息标志的设置高度应视具体情况确定。安全标志牌的平面与视线夹角应接近 90°，观察者位于最大观察距离时，最小夹角不低于 75°。

安全标志牌应定期检查，如发现破损、变形、褪色等不符合要求时，应及时修整或更换。修整或更换时，应有临时的标志替换，以避免发生意外伤害。

电缆隧道入口，应根据电压等级等具体情况，在醒目位置按配置规范设置相应的安全标志牌，如“当心触电”“当心中毒”“未经许可不得入内”“禁止烟火”“注意通风”“必须戴安全帽”等。电力线路杆塔，应根据电压等级、线路途经区域等具体情况，在醒目位置按配置规范设置相应的安全标志牌，如“禁止攀登 高压危险”等。在人口密集或交通繁忙区域施工，应根据环境设置必要的交通安全标志。

二、禁止标志及设置规范

禁止标志牌的基本形式是一长方形衬底牌，上方是禁止标志（带斜杠的圆边框），下方是文字辅助标志（矩形边框）。图形上、中、下间隙，左、右间隙相等。

禁止标志牌长方形衬底色为白色，带斜杠的圆边框为红色，标志符号为黑色，辅助标志为红底白字、黑体字，字号根据标志牌尺寸、字数调整。

常用禁止标志及设置规范见表 5-1。

表 5－1　　　　　　　　　　常用禁止标志及设置规范

图形标志示例	名称	设置范围和地点
	禁止吸烟	线路施工现场的临时围栏处以及电缆隧道出入口等处
	禁止烟火	电缆隧道出入口、危险品存放点等处
	禁止跨越	不允许跨越的深坑（沟）等危险场所、安全遮栏等处
	禁止停留	对人员有直接危害的场所，如高处作业现场、吊装作业现场等处
	未经许可 不得入内	易造成事故或对人员有伤害的场所，如电缆隧道入口处
	禁止通行	有危险的作业区域入口处或安全遮栏等处
	禁止堆放	消防器材存放处、消防通道、逃生通道等处

续表

图形标志示例	名称	设置范围和地点
	禁止合闸 线路有人工作	线路断路器和隔离开关把手上等处
	禁止攀登 高压危险	线路杆塔下部，距地面约 3m 处
	禁止开挖 下有电缆	禁止开挖的地下电缆线路保护区内
	禁止在高压线下钓鱼	跨越鱼塘线路下方的适宜位置
	禁止取土	线路保护区内杆塔、拉线附近适宜位置
	禁止在高压线 附近放风筝	经常有人放风筝的线路附近适宜位置
	禁止在保护区内建房	线路下方及保护区内

续表

图形标志示例	名称	设置范围和地点
	禁止在保护区内植树	线路电力设施保护区内植树严重地段
	禁止在保护区内爆破	线路途经石场、矿区等
	线路保护警示牌	（1）对应装设易发生外力破坏的线路保护区内。 （2）尺寸：1000mm×600mm。 （3）材料工艺：使用水泥预制，表面光滑，双面白底红字（黑体字），下方要有举报电话。 （4）警示牌文字可选用下列内容或根据实际情况采用适宜内容： 线路保护区内禁止植树； 线路保护区内禁止采石放炮； 线路保护区内禁止取土； 线路保护区内禁止建房； 线路保护区内禁止垂钓； 线路保护区内禁止放风筝

三、警告标志及设置规范

警告标志牌的基本形式是一长方形衬底牌，上方是警告标志（正三角形边框），下方是文字辅助标志（矩形边框）。图形上、中、下间隙，左、右间隙相等。

警告标志牌长方形衬底色为白色，正三角形边框底色为黄色，边框及标志符号为黑色，辅助标志为白底黑字、黑体字，字号根据标志牌尺寸、字数调整。

常用禁止标志及设置规范见表 5–2。

表 5－2　　　　　　常用禁止标志及设置规范

图形标志示例	名称	设置范围和地点
	注意安全	易造成人员伤害的场所及设备处
	注意通风	电缆隧道入口等处
	当心火灾	易发生火灾的危险场所，如电气检修试验、焊接及有易燃易爆物质等处
	当心爆炸	易发生爆炸危险的场所，如易燃易爆物质的使用或受压容器等处
	当心中毒	可能产生有毒物质的电缆隧道等处
	当心触电	有可能发生触电危险的电气设备和线路
	当心电缆	暴露的电缆或地面下有电缆处施工地点

续表

图形标志示例	名称	设置范围和地点
	当心机械伤人	易发生机械卷入、轧压、碾压、剪切等机械伤害的作业地点
	当心伤手	易造成手部伤害的作业地点，如机械加工工作场所等处
	当心扎脚	易造成脚部伤害的作业地点，如施工工地及有尖角散料等处
	当心坠落	易发生坠落事故的作业地点，如脚手架、高处平台、地面的深沟（池、槽）等处
	当心落物	易发生落物危险的地点，如高处作业、立体交叉作业的下方等处
	当心坑洞	生产现场和通道临时开启或挖掘的孔洞四周的围栏等处
	当心弧光	易发生由于弧光造成眼部伤害的各种焊接作业场所等处
	当心车辆	施工区域内车、人混合行走的路段，道路的拐角处、平交路口，车辆出入较多的施工区域出入口处

续表

图形标志示例	名称	设置范围和地点
	当心滑跌	地面有易造成伤害的滑跌地点，如地面有油、冰、水等物质及滑坡处
	止步 高压危险	带电设备固定遮栏上，高压试验地点安全围栏上，因高压危险禁止通行的过道上，工作地点临近室外带电设备的安全围栏上等处

四、指令标志及设置规范

指令标志牌的基本形式是一长方形衬底牌，上方是指令标志（圆形边框），下方是文字辅助标志（矩形边框）。图形上、中、下间隙，左、右间隙相等。

指令标志牌长方形衬底色为白色，圆形边框底色为蓝色，标志符号为白色，辅助标志为蓝底白字、黑体字，字号根据标志牌尺寸、字数调整。

常用指令标志及设置规范见表 5–3。

表 5–3　　常用指令标志及设置规范

图形标志示例	名称	设置范围和地点
	必须戴防护眼镜	对眼睛有伤害的作业场所，如机械加工、各种焊接等场所
	必须戴安全帽	生产现场主要通道入口处，如电缆隧道入口、线路检修现场等可能产生高处落物的场所

续表

图形标志示例	名称	设置范围和地点
	必须戴防护手套	易伤害手部的作业场所，如具有腐蚀、污染、灼烫、冰冻及触电等危险的作业地点
	必须穿防护鞋	易伤害脚部的作业场所，如具有腐蚀、灼烫、触电、砸（刺）伤等危险的作业地点
	必须系安全带	易发生坠落危险的作业场所，如高处作业现场

五、提示标志及设置规范

提示标志牌的基本形式是一正方形衬底牌和相应文字，四周间隙相等。提示标志牌衬底色为绿色，标志符号为白色，文字为黑色（白色）黑体字，字号根据标志牌尺寸、字数调整。

常用提示标志及设置规范见表 5－4。

表 5－4　　　　常用提示标志及设置规范

图形标志示例	名称	设置范围和地点
	从此上下	工作人员可以上下的铁（构）架、爬梯上

续表

图形标志示例	名称	设置范围和地点
	从此进出	户外工作地点围栏的出入口处
	在此工作	在工作地点处

第二节　设　备　标　志

设备标志是指能够准确反映设备的功能、用途和属性的标志。电力线路应配置醒目的标志，配置标志后，不应构成对人身伤害的潜在风险。设备标志由设备编号和设备名称组成。设备标志应定义清晰，同一单位每台设备标志的内容应是唯一的，禁止出现两个或多个内容完全相同的设备标志。同一调度机构直接调度的每台设备标志内容应是唯一的。

线路每基杆塔均应配置标志牌或涂刷标志，标明线路的电压等级、中文名称、数字代号、杆塔号以及相位。新建线路杆塔号应与杆塔数量一致，应在杆塔适当位置宜喷涂线路名称和杆塔号；若线路改建，改建线路段的杆塔号可采用“n+1”或“$n-1$”（n 为改建前的杆塔编号）形式，每基杆塔上，应有明显的相位标志，标准颜色为黄色、绿色、红色。线路杆塔标志牌的基本形式一般为矩形，如白底，红色黑体字，或按运维要求的具体色标。安装在杆塔的小号侧；特殊地形的杆塔，标志牌可悬挂在其他的醒目方位上。同杆塔架设的双（多）回线路应在横担上设置鲜明的异色标志加以区分。各回路标志牌底色应与本回路色标一致。同杆架设的双（多）回路标志牌应在每回路对应的小号侧安装，特殊情况可在回路对应的杆塔两侧面安装。110kV 及以上电压等级线路悬挂高度距地面 5～12m、涂刷高度距地面 3m；110kV 及以下电压等级线路悬挂高度距地面 3～5m、涂刷高度距地面 3m。

电缆线路均应配置标志牌，标明线路的名称、电压等级、型号、长度、起止变电站名称。电缆标志牌的基本形式是矩形，白底，红色黑体字。电缆两端及隧道内应悬挂标志牌。隧道内标志牌间距约为 100m，电缆转角处也应悬挂。与架空线路相连的电缆，其标志牌固定于连接处附近的本电缆上，电缆接头盒应悬挂标明电缆编号、始点、终点及接头盒编号的标志牌。电缆为单相时，应注明相位标志。电缆应设置路径、宽度标志牌（桩）。城区直埋电缆可采用地砖等形式，以满足城市道路交通安全要求。

常见设备标志及设置规范如表 5–5 所示。

表 5–5　　　　　　　　　常见设备标志及设置规范

图形标志示例	名称	设置范围和地点
	单回路杆号标志牌	安装在杆塔的小号侧。特殊地形的杆塔，标志牌可悬挂在其他的醒目方位上
	双回路杆号标志牌	安装在杆塔的小号侧的杆塔水平材上，根据线路所处位置安装（左或右）标志牌底色应与本回路色标一致，字体为白色黑体字（黄底时为黑色黑体字）
	双回路分相标志牌	安装在杆塔对应的横担上，颜色及线路名称与杆塔标志牌相对应
	相位标志牌	电缆为单相时，应注明相别标志
	电缆标志牌	电缆线路均应配置标志牌，标明电缆线路的名称、电压等级、型号参数、长度和起止变电站名称。基本形式是矩形，白底，红色黑体字
	电缆接头盒标志牌	电缆接头盒应悬挂标明电缆编号、始点、终点及接头盒编号的标志牌
	电缆接地盒标志牌	电缆接地盒应悬挂标明电缆编号、始点、起点至接头盒长度及接头盒编号的标志牌

第三节 安全防护设施

安全防护设施是企业在生产经营活动中，将危险、有害因素控制在安全范围内，以及减少、预防和消除危害所配备的装置（设备）和采取的措施。

一、一般规定

（1）应严格遵守《中华人民共和国安全生产法》等法律法规。贯彻“以人为本”的理念，做到安全设施标准化、个人安全防护用品标准化、现场布置标准化和环境影响最小化，营造安全施工环境和作业条件。

（2）开工前应通过总平面布置及规范临建设施、安全设施、标志、标识等式样和标准，达到现场视觉统一、规范、整洁、美观。

（3）工作人员进入施工现场，应根据作业环境中所存在的危险因素，及时穿戴或使用必要的防护用品。

二、安全防护设施及配置

1. 个人安全防护用品

（1）安全帽用于作业人员头部防护。使用要求：公司所属单位安全帽应按照国家电网有限公司标识管理要求和安全设施标准制作，安全帽前面有国家电网有限公司标志，后面为单位名称及编号，并按编号定置存放。安全帽实行分色管理。红色安全帽为管理人员使用，黄色安全帽为运行人员使用，蓝色安全帽为检修（施工、试验等）人员使用，白色安全帽为外来参观人员使用。

（2）工作服。应按劳动防护用品规定制作或采购。工作服应具有透气、吸汗及防静电等特点，一般宜选用棉制品；除焊工等有特殊着装要求的工种外，同一单位在同一施工现场的员工应统一着装。

（3）劳保手套应根据作业性质选用，通常选用帆布、棉纱手套；焊接作业应选用皮革或翻毛皮革手套。操作车床、钻床、铣床、砂轮机，以及靠近机械转动部分时，严禁戴手套。

（4）绝缘手套用于对高压验电、挂拆接地、高压电气试验、牵张设备操作和配电箱操作等作业人员的保护，使其免受触电伤害。使用要求如下：

1）定期检验绝缘性能，泄漏电流须满足规范要求。

2）使用前进行外观检查，作业时须将衣袖口套入手套筒口内。

3）使用后，应将手套内外擦洗干净，充分干燥后，撒滑石粉，在专用支架上倒置存放。

绝缘手套等绝缘防护用具存放如图 5－1 所示。

（5）绝缘垫用于对牵张设备操作等作业人员的保护，使其免受触电伤害，使用时应保持干燥。在绝缘垫下铺设木板或其他绝缘材质的台架，台架与地面要保持一定的高度，如图 5－2 所示。

图 5－1　绝缘手套等存放实例图

图 5－2　绝缘垫使用实例图

（6）防护眼镜。施工作业可能产生飞屑、火花、烟雾及刺眼光线等时，作业人员应戴防护眼镜。使用前应做外观检查，如图 5－3 所示。

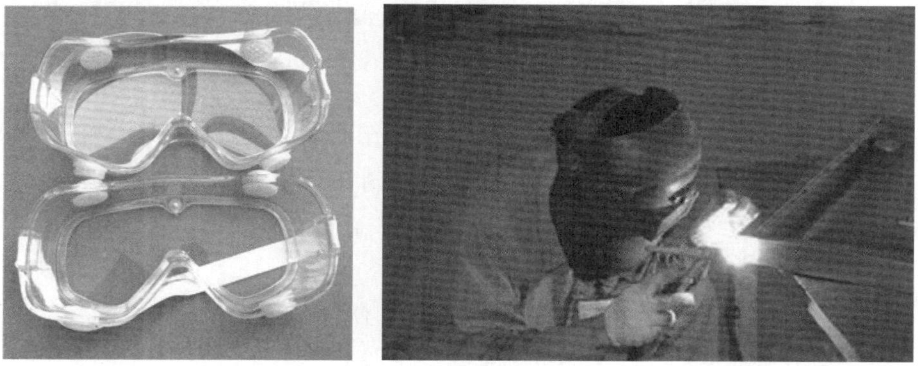

图 5－3　防护眼镜实例图

（7）防尘口（面）罩用于防止可吸入颗粒物及烟尘对人体的伤害。根据作业内容及环境，选择防尘口罩或面罩，如图 5－4 所示。

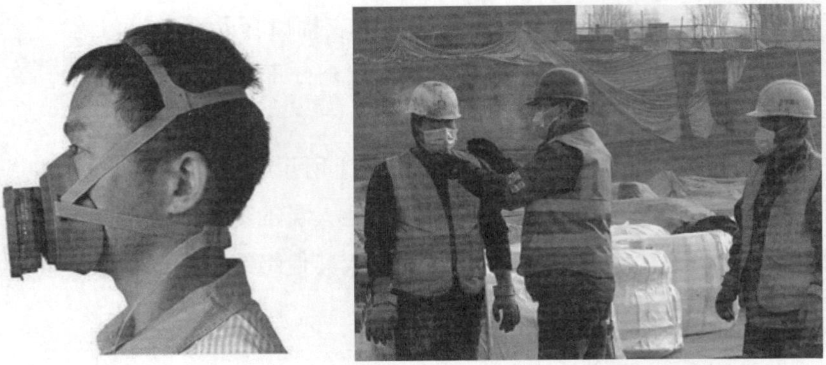

图 5-4　防尘口罩佩戴实例图

（8）防毒面具。在有害气体的室内或容器内作业，深基坑、地下隧道和洞室等空间，存在有毒气体或应急救援人员实施救援时，应当做好自身防护，人员进入前应进行气体检测，并应正确佩戴和使用防毒面具，如图 5-5 所示。

图 5-5　防毒防尘面具实例图

（9）安全带。按照 JGJ 80《建筑施工高处作业安全技术规范》等相关要求，在坠落高度基准面 2m 或 2m 以上有可能坠落的高处作业人员，应佩戴安全带等安全防护用品、用具。在杆塔上高处作业的施工人员应佩带全方位防冲击安全带，如图 5-6 所示。使用要求如下：

1）按规定定期进行试验。

2）使用前进行外观检查，做到高挂低用。

3）应存储在干燥、通风的仓库内，不准接触高温、明火、强酸和尖锐的坚硬物体，也不允许长期暴晒。

图 5-6　安全带示意及实例图

（10）攀登自锁器（含配套缆绳或轨道）用于预防高处作业人员在垂直攀登过程发生坠落伤害的安全防护用品。一般分为绳索式攀登自锁器和轨道式攀登自锁器。线路工程上下杆塔作业时必须使用攀登自锁器。

设置绳索式攀登自锁器，主绳应根据需要在塔材吊装前设置好，主绳宜垂直设置或沿攀爬物设置，上下两端固定，在上下同一保护范围内严禁有接头。主绳与杆塔的间距应能满足自锁器灵活使用。其结构形状、实物如图 5-7 所示。

设置轨道式攀登自锁器，轨道设置应根据需要在设备构架吊装前设置好，固定可靠，轨道与设备构架的间距应能满足自锁器灵活使用。其结构形状、实物及应用如图 5-8 所示。

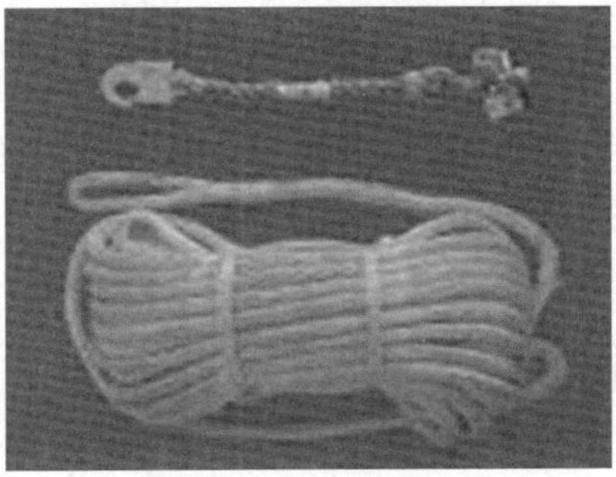

图 5-7　绳索式自锁器实特图

图 5-8　轨道式自锁器实例图

（11）速差自控器用于杆塔高处作业短距离移动或安装附件时，为施工人员提供的全过程安全防护设施。速差自控器各安全部件应齐全，并有省级以上安全检验部门检验的产品检验合格证；有关技术文件齐全。一旦人员失足，应

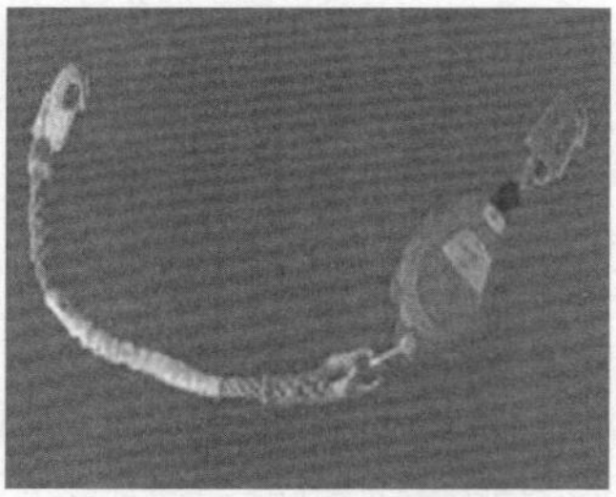

图 5－9 速差自控器实物实例图

在 0.2m 内锁止，使人员停止坠落。其实物实例图如图 5－9 所示。

（12）水平安全绳适用于人员高处水平移动过程中的人身防护，两端必须可靠固定。绳索规格不小于ϕ16 锦纶绳或ϕ13 的钢丝绳，架设高度离人员行走落脚点在 1.3～1.6m 为宜。应用实例如图 5－10 所示。

图 5－10 水平安全绳应用实例图

2. 安全隔离设施

安全隔离是指危险区域与人员活动区域之间、带电设备区域与施工区域之间、施工作业区域与非施工作业区域之间、地下穿越入口和出口区域、建筑物高处临边和人员作业区域之间、设备材料堆放区域与施工区域之间，应使用安全围栏实施有效隔离。

（1）钢管扣件组装式安全围栏。适用于相对固定的施工区域（材料站、加工区等）的划定、安全通道、临空作业面的护栏及直径大于 1m 无盖板孔洞的围护。安全围栏应与警告、提示标志配合使用，固定方式应稳定可靠，人员可接近部位水平杆突出部分不得超出 100mm。

采用钢管及扣件（也可用三通、四通管件）组装，应由上下两道横杆及立杆组成，其中立杆间距为 2000～2500mm，立杆打入地面 500～700mm 深（当立杆处在混凝土楼、地面时，应采取预埋铁件和立杆焊接等方式固定立杆），离边口的距离不应小于 500mm；上横杆离地高度不小于 1200mm，下横杆离地高度为 500～600mm，杆件强度应满足安全要求，在上横杆任何处能经受任何方向的 1000N 外力；临空作业面应设置高 180mm 的挡脚板或安全立网；杆件红白油漆涂刷、间隔均匀，尺寸规范；安全围栏的结构、形状与应用如图 5－11 所示。

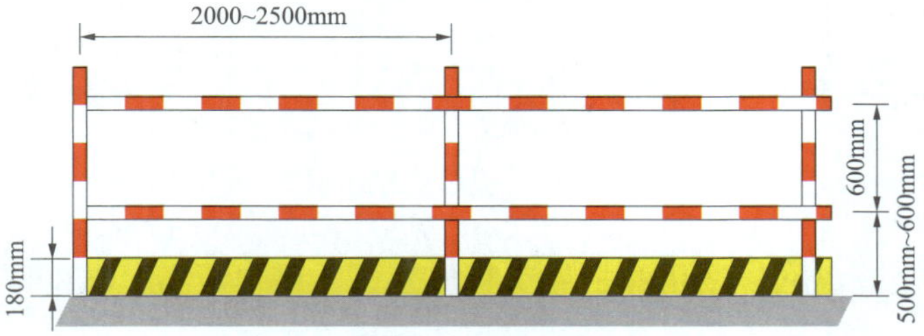

图 5－11　钢管扣件组装式安全围栏示意图

（2）门形组装式安全围栏。适用于相对固定的施工区域、重要设备保护、带电区分界、高压试验等危险区域的区划。安全围栏应与警告标志配合使用、在同一方向上警告标志每 20m 至少设一块；安全围栏应立于水平面上，平稳可靠；当安全围栏出现构件焊缝开裂、破损、明显变形、严重锈蚀、油漆脱落等现象时，应经修整后方可使用。

采用围栏组件与立杆组装方式，钢管红白油漆涂刷、间隔均匀，尺寸规范；安全围栏的结构、形状及尺寸如图 5－12 所示。

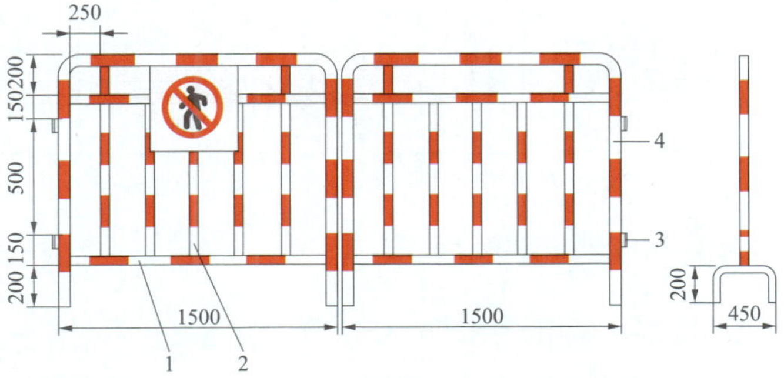

序号	名称	规格	材质
1	围栏框	≥ϕ25×2	Q235
2	立杆	≥ϕ10×2	Q235
3	套管	≥ϕ20×2	Q235
4	立杆管	≥ϕ25×2	Q235

单位：mm

图 5－12　门形组装式安全围栏示意图

（3）提示遮栏。适用施工区域的划分与提示（如吊装作业区及设备临时堆放区，以及线路施工作业区等的围护），不宜用在运行变电站、线路等带电设备附近。安全围栏应与警告、提示标志配合使用，固定方式根据现场实际情况采用，应稳定可靠，并应在围栏外侧的明显部位悬挂相应的安全标志。

由立杆（高度 1200mm）和提示绳（带）组成，安全提示遮栏的结构、形状如图 5－13 所示。

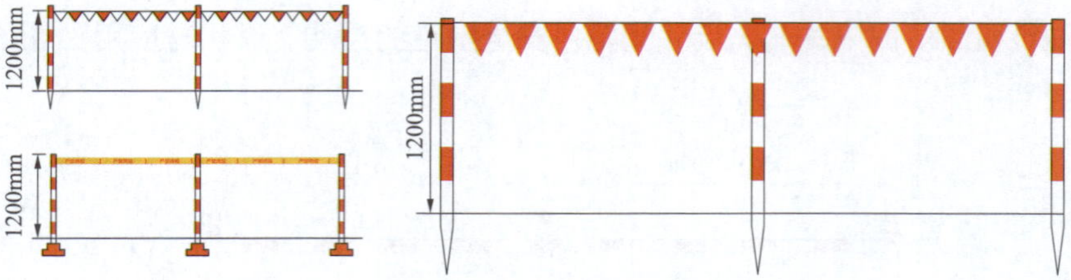

图 5－13　提示遮栏示意图

（4）安全隔离网。适用改扩建工程施工区与带电设备区域的隔离。安全围栏应与警告、提示标志配合使用，固定方式根据现场实际情况采用，应稳定可靠，与带电区域设备的隔离围栏应留有足够的安全距离。

采用立杆和隔离网组成，其中立杆跨度为 2000～2500mm，高度为 1200～1500mm，立杆应满足强度要求（场地狭窄地区宜选用绝缘材料），隔离网应采用硬质绝缘材料，并应在隔离网的明显部位悬挂“止步、高压危险！”的安全标志，安全隔离网的结构、形状如图 5－14 所示。

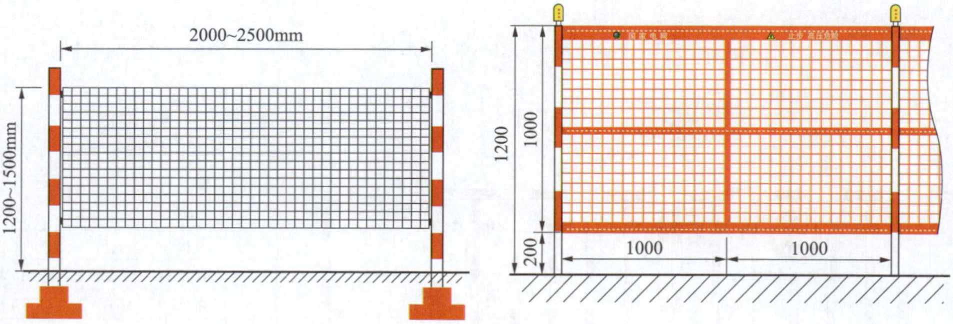

图 5－14　安全隔离网示意图

（5）临时全封闭安全隔离围挡。适用于围墙未及时砌筑的施工区。制作材料及要求：可采用 40mm×60mm 镀锌方形钢管、按照宽 3m×高 1.8m 组合焊接成“日”字形框架、外部宜使用瓦楞铁皮铆固，围挡下部留有 200mm 空隙，应在每个立杆的内侧采用斜支撑焊接、入地固定措施，防止遇大风后倒塌，并应在围挡外侧的明显部位悬挂相应的安全标志，如图 5－15 所示。

3. 孔洞盖板及沟道盖板

孔洞盖板及沟道盖板适用于孔洞或沟道的安全防护，对施工现场（包括办公区、生活区）能造成人员伤害或物品坠落的孔洞应采用孔洞盖板或安全围栏实施有效防护。孔洞及沟道临时盖板边缘应大于孔洞（沟道）边缘 100mm，并

图 5－15　临时全封闭安全隔离围挡示意图

紧贴地面；孔洞及沟道临时盖板因工作需要揭开时，孔洞（沟道）四周应设置安全围栏和警告牌，根据需要增设夜间警告灯，工作结束应立即恢复。孔洞防护盖板上严禁堆放设备、材料。直径大于 1m、道路附近、无盖板及盖板临时揭开的孔洞，四周应设置安全围栏和当心坑洞安全警示标志牌。人工挖孔桩基础、掏挖基础及岩石基础应设置围护栏杆，暂停施工的孔口应设通透的临时网盖。人工挖扩桩孔的施工现场应用围挡与外界隔离，设专人监护，非工作人员不得入内。距离孔口 3m 内不得有机动车辆行驶或停放。

孔洞及沟道临时盖板应使用 4～5mm 厚花纹钢板（或其他承载强度满足要求的材料，盖板承载强度为 10kPa）制作，并涂以黑黄相间的警告标志和禁拆移标识，制作标准及应用如图 5－16 所示。盖板下方适当位置（不少于 4 处）设置限位块，以防止盖板移动。遇车辆通道处的盖板应适当加厚，以增加强度。变电工程沟道临时盖板可制作成伸缩式钢盖板，满足不同尺寸电缆沟道防护要求，如图 5－17 所示。

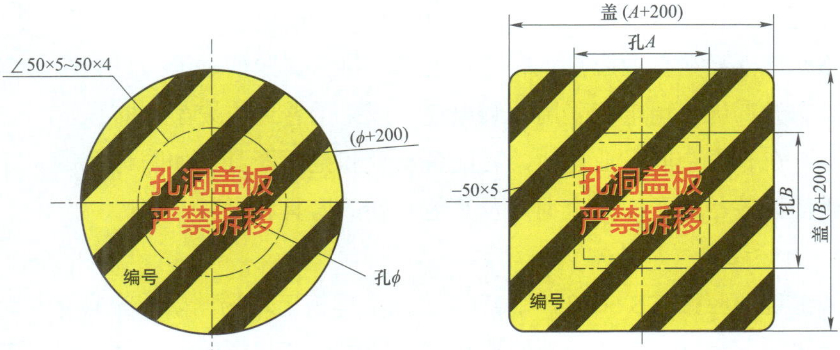

图 5－16　孔洞及沟道临时盖板制作示意图

图 5－17 伸缩式钢盖板应用示意图

4. 有限空间作业防护设施

（1）在存在有害气体的室内或容器内、深基坑、地下隧道和洞室作业等，应遵守“先通风、再检测、后作业”的要求，按照规定装设和使用强制通风装置，应保持通风良好，禁止用纯氧进行通风换气；配备必要的气体监测装置，气体监测装置监测内容至少应包括氧气含量、一氧化碳、硫化氢、可燃气体等。人员进入前进行检测，并正确佩戴和使用防毒、防尘面具。通风装置实例如图 5－18 所示。

图 5－18 通风装置实例图

（2）有限空间作业现场的氧气含量应在 19.5%～23.5%，有害有毒气体、可燃气体、粉尘容许浓度应符合国家标准的安全要求，不符合时应采取置换等措施。在氧气浓度、有害气体、可燃性气体、粉尘的浓度可能发生变化的环境中作业应保持必要的测定次数或连续检测，检测的时间不宜早于作业开始前 30min，作业中断超过 30min，应当重新通风、检测合格后方可进入。

（3）地下穿越作业应设置爬梯，通风、排水、照明、消防设施应与作业进展同步布设。施工用电应采用铠装电缆，或采用普通电缆架空布设。

（4）在有限空间作业场所，应配备安全和抢救器具，如防毒面罩、呼吸器具、通信设备、梯子、安全绳以及其他必要的器具和设备。

5. 消防设施

施工现场应按 GB 50720—2011《建设工程施工现场消防安全技术规范》等相关要求配备合格、有效的消防器材，并使用标准式样的消防器材架、箱，消防设施应设置在适宜的位置。实例如图 5－19 所示。

图 5－19　消防器材及相关设施实例图

三、安全防护设施现场应用

（1）基础开挖、杆塔组立、张力场、牵引场、导地线锚固等场地，应实行封闭管理，采用安全围栏进行围护、隔离、封闭，实例如图 5－20 所示。

图 5－20　基础开挖、杆塔组立安全围栏围护实例图

（2）基础开挖土石方、机具、材料等，应实现定置堆放，材料堆放应铺垫隔离、标识，实例如图 5－21 所示。

图 5－21　作业材料定置堆放实例图

（3）杆塔组立现场布置示例及实例，如图 5－22 所示。

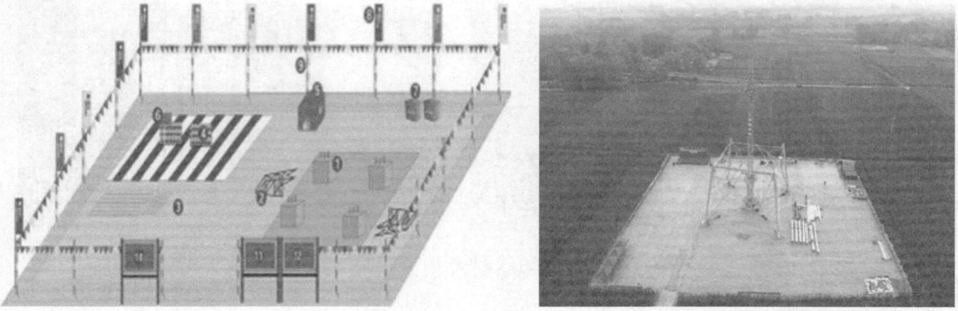

图 5－22　杆塔组立现场布置示例及实例图

（4）张力场、牵引场现场布置示例及实例如图 5－23 所示。

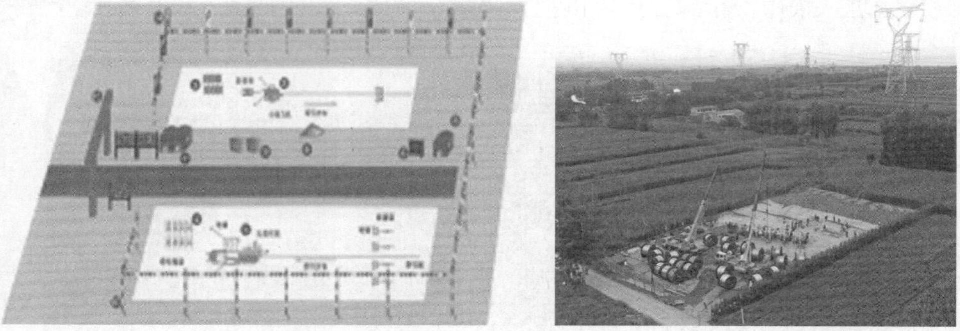

图 5－23　牵张场布置示例及实例图

（5）张力放线牵引场现场作业指挥台布置示例及实例如图 5－24 所示。

图 5－24　牵引场指挥台布置示例及实例图

（6）索道运输现场布置示例及实例如图 5－25 所示。

图 5－25　索道运输现场布置实例图

（7）跨越高速公路跨越现场实例如图 5－26 所示。

图 5－26　跨越高速公路实例图

第六章

典型违章举例与事故案例分析

第一节　典 型 违 章 举 例

一、行为性违章

（1）进入作业现场未按规定正确佩戴安全帽。

（2）从事高处作业未按规定正确使用安全带等高处防坠用品或装置。

（3）穿雨鞋登高作业。

（4）开工前，工作负责人未向全体工作班成员宣读工作票，不明确工作范围和带电部位，安全措施不交代或交代不清，盲目开工。

（5）还未许可工作，即擅自进入设备区或攀登线路杆塔。

（6）作业现场未按要求设置围栏。作业人员擅自穿、跨越安全围栏或超越安全警戒线。

（7）作业人员擅自扩大工作范围、工作内容或擅自改变已设置的安全措施。

（8）在梯子上作业，无人扶梯子或梯子架设在不稳定的支持物上，或梯子无防滑措施。

（9）基坑深度超过 1.50m 爆破作业时，上下未使用梯子。

（10）高处作业人员随手上下抛掷工器具、材料。

（11）用高架车作业时，人在作业斗里作业时未使用安全带，或作业斗门未扣紧或保险装置（定位轮）未锁紧。

（12）工具或材料浮搁在高处，高处作业人员未使用工具袋。

（13）重要跨越（电力线、铁路、公路）附件安装、平衡挂线时，未采取双道保险。

（14）不使用或未正确使用劳动保护用品，如使用砂轮、车床不戴护目眼镜，使用钻床等旋转机具时戴手套等。

（15）不按规定使用合格的安全工器具、使用未经检验合格或超过检测周期的安全工器具进行作业。

（16）施工人员站在受力内角侧。

（17）施工人员站在脚手架钢管、探头板上进行高空作业。

（18）施工现场工作负责人（安全监护人）擅自离岗。

（19）吊车起吊前未鸣笛示警或起重工作无专人指挥。

（20）在起吊或牵引过程中，受力钢丝绳周围、上下方、内角侧和起吊物下面有人逗留和通过。

（21）吊机司机离开驾驶室不锁门。

（22）操作中增人强拉葫芦超负荷使用。操作人员站在葫芦正下方。

（23）在带电设备附近进行吊装作业，安全距离不够且未采取有效措施。

（24）在带电设备周围使用钢卷尺、皮卷尺和线尺（夹有金属丝者）进行测量工作。

（25）施工现场周边由于施工造成的坑洞未设置安全防护栏和警示牌。

（26）施工现场未做到当日工完料尽场地清，如建筑垃圾、生活垃圾未及时清理。

（27）未按《安规》要求设接地线。如用缠绕的方法装设接地线或用不符合规定的导线进行短路接地。

（28）擅自拆除孔洞盖板、栏杆、隔离层或因工作需要拆除附属设施时不设明显标志并及时恢复。

（29）基础砼捣固人员未配备绝缘手套和绝缘胶鞋。

（30）对坑洞、临边未做好防护措施。

（31）铁塔组立钢丝绳与铁塔绑扎处未采用软物衬垫。

（32）内拉线抱杆吊装中未布置腰滑车，违反立塔工艺。

（33）组立杆塔、撤杆、撤线或紧线前未按规定采取防倒杆塔措施或采取突然剪断导线、地线、拉线等方法撤杆撤线。

（34）现场浪风控制绳未打地锚，直接缠绕在运行的塔身上。

（35）转向滑车的布置和锚固不规范，临时拉线地锚固定于树根或利用其他不安全的物体等。

（36）导引绳进机动绞磨磨盘。

（37）材料U型环代替工具U型环使用。

（38）施工场地位于公路边，但没有按照要求设置交通警示标志。

（39）施工队在运输材料过程中客货混装。

（40）高压试验工作，试验操作人未使用橡皮绝缘垫，试验电源未用双极闸刀断开，将加压试验装置插头直接插入电源盘控制电源。

（41）特种作业人员不持证上岗或非特种作业人员进行特种作业。

（42）易燃、易爆物品或各种气瓶不按规定运输、存放、使用。

（43）在易燃物品及重要设备上方进行焊接，下方无监护人，未采取防火等安全措施。

（44）在禁火区域擅自进行动火作业。

（45）安全考试由别人代考。

（46）无票工作、无令操作。

（47）工作负责人、工作许可人不按规定办理工作许可和终结手续；

（48）停电作业前不验电或漏挂接地线（漏合接地刀闸）。

（49）外来工作人员进入工作场所单独从事危险性较大的工作。

（50）作业前不核对线路设备名称、编号、色标；登杆前不检查基础、杆身、杆根、爬梯和拉线是否正常。

（51）未按已审批的施工方案、作业指导书执行，野蛮施工作业。

（52）擅自解锁进行倒闸操作。

（53）货运索道载人或超载使用。

（54）高边坡施工未按要求设置安全防护设施；对不良地质构造的高边坡，未按设计要求采取锚喷或加固等支护措施。

（55）龙门吊、塔吊、模板等拆卸（安装）过程中未严格按照规定程序执行。

（56）采取正装法组立抱杆。

（57）组塔、架线高空作业，不使用攀登自锁器及速差自控器。

（58）放线施工前，地脚螺栓未检查、未紧固；或在地脚螺母紧固不到位时进行保护帽施工。

（59）平衡挂线时，在同一相邻耐张段的同相导线上进行其他作业。

（60）跨越带电线路展放导（地）线，未设置跨越架、封顶（底）网等安全措施。

（61）带负荷断、接引线。

（62）约时停、送电；带电作业约时停用或恢复重合闸。

（63）在易燃易爆或禁火区域携带火种、使用明火、吸烟；未采取防火等安全措施在易燃物品及重要设备上方进行焊接，下方无监护人。

（64）有限空间作业未严格执行“先通风、再检测、后作业”要求，不正确使用安全防护设备与个体防护装置。

（65）乘坐船舶或水上作业不使用救生装备。

（66）酒后作业、值班、驾驶。

二、装置性违章

（1）牵引场、张力场的地锚设置混乱，随意性较大，锚桩数量达不到安全规程要求，牵引机入口接地滑车未常态挂设。

（2）现场临时栏杆、孔洞盖板不符合安规要求。

（3）脚手架搭设不规范。脚手板未满铺，脚手架未按要求与结构设置拉结。

（4）施工用电的电线裸露，未架空，施工配电箱随意摆放且未接地。

（5）起重工器具和梯子未进行定期审验。

（6）绞磨机的磨盘已经严重磨损。

（7）混凝土搅拌机未搭设防护棚，水泥搅拌机皮带传动裸露，无防护罩。

（8）现场灭火器已失效。

（9）发电机无围栏保护、警示牌。

（10）变电站施工现场与运行设备未采取隔离措施。

（11）施工配电箱回路未装设漏电保安器，或无安全检查记录。配电箱无门、无锁、无防雨措施。

（12）梯子没有加装防滑装置、人字梯无防张开的拉绳。

（13）电焊机无护罩、接地线。

（14）起重机吊钩、手拉葫芦吊钩、滑车防止意外脱钩的保险装置失灵。

（15）起重机械，如绞磨、汽车吊、卷扬机等没有制动和逆止装置，或制动装置失灵。

（16）安全工具，绝缘工具未经试验或超周期使用。

（17）卡线器有裂纹、弯曲或钳口斜纹磨平。

（18）液压千斤顶的安全栓损坏、螺旋千斤顶的螺纹或齿条磨损。

（19）链条葫芦的吊钩、链轮或倒卡变形，以及链条磨损。刹车片沾染油脂。

（20）金属抱杆整体弯曲或局部弯曲严重、磕瘪变形、表面严重腐蚀、裂纹或脱焊。抱杆脱帽环表面有裂纹或螺纹变形。

（21）起重设备无荷载标志。

（22）施工机械皮带转动部位、圆盘锯未设防护罩或牢固的遮拦。

（23）夜间施工时照明不足。

（24）脚手架、跨越架未经验收合格并挂牌。

（25）设备无双重名称，或名称及编号不唯一、不正确、不清晰。

（26）电力线路设备拆除后，带电部分未处理。

（27）高压配电装置带电部分对地距离不满足且未采取措施。

三、管理性违章

（1）现场使用挖掘机未办理相关手续。

（2）外来施工队工作，变电站直接签发工作票，未经过转签。

（3）立塔作业票未填写，现场填写后未履行安全措施交底，签发人名字代签。

（4）新扩建工程管理不规范，界线不明确，存在空白地带。

（5）项目经理、项目负责人、安全管理人员未经网公司安全培训。

（6）施工单位未向施工人员危险因素告知。

（7）现场安全勘察和预控措施落实不到位。

（8）监理人员对施工中的重大危险因素未进行旁站监理。

（9）安全教育过于形式，部分新进场施工人员未进行安全教育及安全考试。

（10）现场招用的临时工未进行安全教育进入现场作业。

（11）高空作业人员没有经过体检。

（12）特种作业人员向监理申报名单与实际作业人员不符合。

（13）施工单位未按规定编制专项施工方案或方案无交底记录。

（14）应急预案无针对性或者未交底未演练。

（15）建设单位与施工单位未签订安全协议和安全责任不明确。

（16）施工单位班组安全活动无作业人员签字。

（17）施工单位未按规定建立管理制度和台账。

（18）施工单位未按规定使用安全措施补助费及文明施工费。

（19）施工单位未对施工项目进行危险因素辨识，采取控制措施。

（20）机械操作规程未上墙，安全标牌不齐全。

（21）材料、器具堆放场地未设标牌。

（22）对排查出的安全隐患未制定整改计划或未落实整改治理措施。

（23）对承包方未进行安全资质审查或违规进行工程分包。

（24）不按规定组织安全检查，安全检查未进行闭环管理。

（25）违章指挥，强令员工冒险作业。

（26）特种作业人员上岗前未经过规定的专业培训并取证。

（27）现场作业人员未经安全准入考试并合格。

（28）未按规定为施工作业人员办理工伤保险；安排经医师鉴定存在职业禁忌者从事职业禁忌工作。

（29）安排或默许无计划作业、无票作业，应急抢修外的无计划作业。

（30）有必要现场勘察的未开展现场勘察，或勘察不认真、无勘察记录。

（31）三级及以上风险作业管理人员（含监理人员）未到岗到位进行管控。

（32）未按照“月计划、周安排、日管控”落实电网运行、设备运维检修、施工作业等风险控制措施要求。

（33）对违章不制止、不考核。

（34）不具备资格的人员担任工作票签发人、工作负责人和安全监护人或现场作业的机械操作工、特种作业人员无相应资格。

（35）有限空间作业未设监护人，未配备安全防护设备与个体防护装置。

第二节 事故案例分析

【案例一】基础施工基坑开挖发生一起气体中毒人身死亡事故

1. 事故经过

2019年7月3日6时，沈阳××建筑公司在××线路工程N6263号塔进行基础基坑开挖作业，该公司雇佣当地民工刘×带马××、王××前往工地施工，后因柴油机发生故障，短时间不能恢复正常作业，于是刘×留下王××继续在工地搅拌混凝土，自己和马××离开了工地。16 时 18 分刘×电话告知王×× N6262 号塔基工地出事了，抓紧过来。王××随即从 N6263 号赶到 N6262 号塔基工地，发现刘×和马××在 N6262 号直径 3m、深 9m 的 D 腿基坑中，D 腿基坑边挂一软梯，坑底刘×蹲着从后面抱着马××。刘×让王××将水杯用绳吊到基坑底部，又让王××找粗绳救人，王××找到粗绳后再喊叫刘×，刘×没有回应。王××立即给工地施工负责人庄××打电话报告此事并通知了家属。庄××立即赶往发生事故的 N6262 号塔，同时拨打了 120 急救电话。约半小时后庄××和沈阳××建筑公司员工杨××、董×陆续赶到事发现场，庄××先后下到 D 腿基坑底部将刘×和马××救出，马××已没有呼吸，对刘×进行人工呼吸急救措施，在刘×、马××两人家属和工友的帮助下将刘×、马××二人抬下山。下山途中遇到 120 急救中心派出的急救医生，刘×、马××两人经抢救无效死亡。

2. 违章分析

（1）事故直接原因是沈阳××建筑公司人员马××违规进入未列入当日施工计划的塔基基础基坑有限空间作业，遇险后刘×冒险施救。

（2）事故间接原因，一是沈阳××建筑公司人员刘×、马××安全意识淡漠，私自进入未列入当日施工计划的塔基基础作业，安全防范不到位，救援不及时；二是沈阳××建筑公司对未安排工作计划的施工现场管理缺失，给施工人员私自作业留下机会。

（3）事故暴露出，一是安全履责不到位。××送变电公司相关领导干部、管理人员和现场人员吸取以往事故教训不深刻，思想认识不到位，思想麻痹大意，未对照自身岗位安全责任清单做好履责工作。二是分包管理不到位。施工项目部对分包队伍管理缺失，分包人员在没有安排工作计划任务的情况下私自作业，现场管理失控。未将劳务分包人员纳入本单位从业人员统一管理，对劳务分包人员的安全教育培训不到位。三是对新雇用当地劳务人员参与施工的风险分析不足。未建立对当地雇用劳务人员的有效管控机制，对劳务用工人员作业时间不掌握。对劳务人员安全教育不到位、管理不严格。四是作业计划管控不严，缺乏有效管控措施。对分包队伍作业计划管控不严，施工项目部未对所有作业进行全面掌控，作业前未分析安全风险、未制定防护措施。

3. 防范措施

（1）加强安全教育，增强安全意识，压实安全责任，明确安全职责清单，各级岗位人员严格履行岗位安全职责，落实岗位安全责任，守好红线底线。

（2）加强分包单位管理，严格履行分包单位资质审核。严格把控外包队伍和人员入口关履行规程的有关规定。

（3）加强和规范外包人员岗前技能培训，加强安全知识教育，强化“十大禁令”“十不干”和《安规》的学习，提高安全意识和安全应急救援技能。

（4）项目部加强现场作业计划管控。项目部应全面掌控作业计划和执行情况，避免作业计划执行过程中出现管理盲区、临时变更计划、临时增加作业任务，避免无票作业。

（5）项目部开展隐患排查，做好现场作业风险管控，基础基坑开挖在有限空间作业应坚持“先通风、再检测、后作业”的原则，严禁再在基坑内使用燃油动力机械设备。

【案例二】立塔浪风接近运行的500kV线路导致人员灼伤、线路跳闸事故

1. 事故经过

3月29日上午8点29分，××公司分包队伍××送变电建设有限公司实施500kV××线138号铁塔组立作业。在上右横担组件提升至距就位5m左右时，吊件的浪风绳与上方的500kV运行线路5267线接近时，造成5267线左边相导线对浪风绳放电，致使地面作业的周××、张××面部灼伤。受伤人员被紧急送往××医院救治，无生命危险。5267线跳闸后送电成功，运行正常。

2. 违章分析

（1）作业人员没有按照作业指导书及安全措施要求进行施工，为避开池塘，擅自在运行的5267线下方设置地转，吊件控制浪风绳离500kV运行线路太近是直接原因。

（2）施工队现场指挥、监护和作业人员安全意识薄弱，危险点分析不够，对特殊地形缺乏针对性的考虑，巡查力度不够，未及时发现违章作业。

3. 防范措施

（1）加强现场安全监督，严格执行工作票和现场检查制度，严格执行作业指导书、安全保证措施及各类特殊施工措施的技术要求和各项规定。

（2）加强劳务分包单位的现场安全管理和作业全过程的监督，加强对施工

现场布置的检查。

（3）对重点施工现场，强化安全监督人员的检查。

（4）吸取事故教训，总结安全工作的薄弱环节，及时调整施工力量，对工器具进行检查和更换，在组织到位、措施到位、监督到位的情况下方可恢复开工。

【案例三】500kV 输电线路工程组塔过程中发生人身死亡事故

1. 事故经过

7 月 23 日，××电力送变电建设公司在××500kV 输电线路工程 N2058 塔的组塔过程中，发生一起人身死亡事故，死亡 2 人，重伤 1 人，轻伤 2 人。这是一起典型的基建施工过程中违章指挥、违章作业导致的责任事故，损失惨重、教训深刻。

7 月 23 日，××省电力送变电公司××项目部第三施工队队长甘××与现场施工安全负责人陈××带领××建设工程有限公司 23 名施工人员进行 N2058 塔（ZB63A－30）组立施工，采用悬浮式内拉线抱杆分解组立铁塔方式，当日主要施工工作是起吊横担（横担根开长度 14.5m，曲臂裤叉高度 17m），上午主要工作是升抱杆并将抱杆调整到位，另用两根ϕ15mm 钢丝绳打好落地“八”字拉线。

做好一切起吊准备工作后，13 时 10 分左右，开始起吊横担，于 13 时 40 分铁塔横担起吊到位，绞磨停止牵引，控制绳调整到位后固定好。在全部工作做好后，指挥员叫地面人员固定好所有控制风绳并保持稳定。然后高空作业人员从地面到高空进位组装，在高空人员黄×、何×、阿尔×和吉××四名高空人员陆续到达指定位置并拴好安全带，张×到达指定位置后正准备拴安全带，邹×开始向上登塔。

13 时 50 分左右，风力突然变大，超过 6 级（××县气象局记载当时××乡风速为 11～14m/s，局部地区风速更大），横担控制风绳受力增加，左侧控制风绳连接缠绕固定的铁桩因受力过大，突然上拔，拉控制风绳的地面人员无法拉住左侧控制绳，风绳失去控制，快速飞出，吊件铁塔横担左侧迅速向大号侧旋转摆动，快速冲击上曲臂，使抱杆向大号侧快速倾斜，由于冲击力作用，将铁塔上、下曲臂向大号侧扭倒，抱杆也随之倾倒，张×由于未拴好安全带当即从空中坠落，黄×、何×、阿尔×和吉××四人随曲臂而坠落，邹×无伤害。

这起事故共造成2人死亡，1人重伤，2人轻伤。

2. 违章分析

（1）超重起吊是发生这次事故的直接原因和主要原因。在本工程《铁塔组立施工指导书》中明文规定“铁塔组立施工中，每次起吊重量不得超过1.5t”，在安全交底中也明确提出“起吊重量严格控制在一吨半以内”。但事故发生时起吊的横担组件总重量为3.6t左右，迎风面增大使风载增加较大，最终导致吊件左控制风绳的锚桩（铁桩）不能承受上拔力而飞出，导致吊件快速旋转及摆动，使右控制风绳的锚桩（铁桩）也被拔出，吊件快速冲击上曲臂，在起吊重力和旋转的动量产生的冲击力作用下，铁塔结构失稳，上、下曲臂向大号侧扭倒，抱杆随之倾倒，造成倒塔事故。

（2）固定吊件控制风绳的锚桩（铁桩）未按技术要求布设，将控制风绳的锚桩（铁桩）打在松软潮湿的荞麦地里，没有采取防止锚桩上拔的措施，是发生这次事故的又一直接原因。本次作业锚桩施工时未按DL 5009.2—2013《电力建设安全工作规程　第2部分：电力线路》中规定的“各种锚桩应按技术要求布设，其规格和埋深应根据现场土质经受力计算而确定。立锚桩应有防止上拔或滚动的措施”的要求施工。

（3）现场突然刮起的六级阵风，加大了起吊横担的横向受力，增加了控制风绳的受力和锚桩的上拔力。并使整个受力系统受到了冲击荷载，降低了安全裕度。突然刮起的六级大风是这次事故的诱发原因和间接原因。

（4）现场危险点辨识不充分，未对当地、当天的气象情况进行分析，也未充分考虑塔位周围的地质情况，没有采取有效的措施来控制风险，是事故的又一原因。

（5）现场施工组织不当，现场安全员又是绞磨手，在起吊作业时无法行使安全监护的职能。监理也监管不到位，当天现场监理没有在危险程度相对较高的事发现场进行旁站监理，而是到了另一施工塔位。是事故发生的又一原因。

3. 防范措施

（1）各施工项目部在施工前和施工过程中，要认真组织对各工程施工安全、技术作业指导书的学习，严格执行已交底的工作流程和措施，严禁随意变更，特别是项目部及班组管理人员要熟知作业指导书的安全、技术要求和作业流程，严格遵照执行。杜绝说一套做一套等违章作业情况的发生。

（2）施工现场的技术负责人和安全管理人员要认真履行好各自的岗位职

责，严把安全、技术关，杜绝施工现场技术措施不到位的问题重复发生。

（3）要求施工班组要严格执行各项安全技术措施，按规定布置好施工现场，不得随意变更施工方案，如需变更，必须经技术负责人同意批准。同时，施工班组和施工项目部要加强信息沟通，及时汇报和了解、布置、安排生产工作，使大家对各项工作心中清清楚楚，明明白白，防止出现由于缺少沟通而导致管理失职引发事故。

（4）要求施工班组人人了解工器具的使用规定，熟悉各类工器具的受力情况，严禁超荷载使用。

（5）在强对流天气易发季节，进行高塔组立工作，要随时掌握气象部门每个时段的天气信息，及时变更工作任务或停止高处作业。把不安全的危险因素控制在事发之前。

【案例四】特高压直流输电线路工程组立抱杆倾倒人身死亡事故

1. 事故经过

××公司承建的特高压××直流输电线路工程，施工项目部按照工作计划，安排分包单位××公司施工队进行 2831 号塔现场组塔施工，后因民事协调工作未果，作业暂停。

5 月 3 日，分包施工队未经施工项目部允许，擅自更改施工计划，转运抱杆进入计划外的 2833 号塔现场，进行抱杆组立。组立抱杆时，未按照施工方案要求执行先整体组立抱杆上段，然后利用组装好的下段塔材提升抱杆的施工方法，而错误采取了整体组立抱杆下段，再利用抱杆顶部的小抱杆（角钢）接长主抱杆的施工方法，且没有落实施工方法的安全技术措施，抱杆临时拉线也未使用已埋设完成的地锚，违反施工方案中严禁在水田里设置钻桩的安全措施要求，违规设置钻桩。5 月 3 日上午，拉起在地面组装完成的 23.6m 抱杆后，继续组立剩下的 4 节抱杆，16 时左右，在吊装第 3 节抱杆时，B 腿（上述水田中的实际钻桩点）钻桩被拔出，抱杆向 D 腿方向倾倒，在抱杆上作业的 3 名施工人员随之摔落，并被抱杆砸中，经抢救无效死亡。

2. 违章分析

（1）分包施工队未经施工项目部允许，擅自更改施工计划，转运抱杆进入计划外的 2833 号塔现场，进行抱杆组立。

（2）组立抱杆时，未按照施工方案要求执行先整体组立抱杆上段，然后利用组装好的下段塔材提升抱杆的施工方法，而错误采取了整体组立抱杆下段，再利用抱杆顶部的小抱杆（角钢）接长主抱杆的施工方法，且没有落实施工方法的安全技术措施，抱杆临时拉线也未使用已埋设完成的地锚，违反施工方案中严禁在水田里设置钻桩的安全措施要求，违规设置钻桩。

3. 防范措施

（1）强化分包全过程管理，严禁以包代管，特别是在施工间断、转移等过程中控制好各分包队伍的工作状态。

（2）落实施工方案专项行动要求，严格技术方案编审批和变更程序，严肃施工技术方案的执行，严厉查处不执行技术方案强制性安全措施的行为。

（3）提高施工计划的刚性执行，规范开展安全风险分析和使用施工作业票，促进安全工作受控。

（4）立即全面开展施工安全隐患排查，重点排查高空作业、近电作业、带电跨越、吊装作业、脚手架搭设等高风险作业中防触电、防跑断线、防倒杆、防倒塌等安全技术措施的执行。

【案例五】500kV 线路平移导线施工中倒塔人身死亡事故

1. 事故经过

500kV××线共设置 4 个放线区段，12 月 13 日正进行第 4 个区段（N1～N24 塔）中的 N3～N4 塔位的平移导线施工作业。N1～N4 段四基铁塔均为耐张塔，N3 塔处于××水电站升压站出线侧山脊上，其后侧（小号侧）为 35°左右斜坡，前侧为深沟，N2～N3 塔档距 176m，N3～N4 塔档距 1010m。

鉴于 N3～N4 档内要跨越水电站两条 35kV 施工电源线路，且该两条线路不能同时停电，为保证施工安全决定采用在 N3～N4 段右侧展放左侧导线的施工方法。施工单位编制了《××水电站～××变电站 500kV 输电线路工程—N3～N4 档内跨越 35kV 电力线特殊施工方案》（以下简称《特殊施工方案》）明确 N3、N4 塔必须通过在右侧（面向大号侧）展放完导线后，再在右侧横担上锚线、开断后移到左侧横担锚固、紧线并挂线。

12 月 13 日早上 8 时左右，现场施工人员在××公司（劳务分包单位）班组长涂××的带领下到 N3 铁塔进行施工作业。共有 11 名施人员在塔上作业，塔上人员工作及站位大致情况为：上横担共施工人员 6 人，其工作内容为将导线从右至左平移；左下横担 2 人，工作内容为调整左下相前侧导线弛度；3 人在塔身附近配合作业。

上午10时50分许，右上横担前侧已移动3根子导线到左上横担前侧处锚线，正将第四根子导线从右侧移到左侧时，铁塔失稳倒塌，塔上11人中5人当场死亡，6人重伤，3人在送往医院途中死亡，共计8人死亡，3人受伤。

2. 违章分析

（1）直接原因。××公司编制的《特殊施工方案》按照行业标准DL/T 5343—2018《110kV～750kV架空输电线路张力架线施工工艺导则》规定："必须采用平衡挂线或半平衡挂线的施工方式进行导线的锚、紧线施工"的要求。在《特殊施工方案》中制定了"四分之三"平衡移线、锚线施工工艺。该方案明确规定：紧线、挂线应采用先小号侧平移一根子导线后，必须重新布置牵引系统，将小号侧牵引系统移至大号侧，然后移动大号侧相对应的一根子导线，再布置牵引系统，完成小号侧第二根子导线的移线工作，以此类推完成整相导线的平移工作。

事发当天现场中、下相导线已完成从右到左的移线和紧线工作，上相正在进行导线由右横担移到左横担的施工作业。施工作业人员未按《特殊施工方案》中规定的工艺要求执行，违规将大号侧三根导线移至左侧横担，一根导线正在转移，右侧横担上仍锚有小号侧导线。致使N3塔上横担左、右两侧形成较大的附加力偶矩，在该力偶矩的作用下，N3铁塔严重超载，发生顺时针约180°扭转并倒塌，是本次事故的直接原因。

（2）主要原因。事发当天由于施工承包单位现场技术人员刘××生病请假，责令××线N3铁塔施工班组休工。施工单位班组长涂××不服从管理，为赶工程进度擅自组织人员开工，导致现场施工人员在没有技术人员和监理人员指导的情况下，未按《特殊施工方案》要求执行，违规操作，是造成此次事故的主要原因。

（3）间接原因。

1）劳务分包单位××公司内部管理混乱，安全规章制度未建立健全，安全责任制不落实，对职工的安全技术教育培训不到位，对施工现场的管理不到位，是造成此次事故的主要间接原因。

2）施工承包单位××公司、和××监理公司，以及建设管理单位现场监管人员对分包单位监管不到位是造成此次事故的间接原因之一。

3. 防范措施

（1）强化工程施工分包安全管理。强调分包单位必须具备上级主管单位颁发的相应资质，施工承包单位严格执行分包单位准入制度，坚决杜绝诚信度差的不合格分包队伍进入，坚决清退不合格分包队伍和人员。加强监督检查，杜绝挂靠施工现象。

（2）强化全员安全技术交底和上岗培训考核，以浅显易懂的方式对每一个入场作业人员进行安全教育培训和考试，不合格者严禁入场施工。对危险性大、专业性强的施工作业现场，施工班组负责人、技术员、安全员严格由施工承包单位人员担任，严格按预定方案组织施工，严禁由劳务分包队伍独立开展施工作业。

（3）加强项目施工前期方案措施的安全管理。基建管理部门要抓好项目设计环节的安全管理，在线路路径、重要跨越、特殊塔位、站址选择上必须充分考虑施工安全，在施工图纸上注明安全预控措施和要求。对新开工项目进行全面评估，严格落实责任人员到岗到位、管控措施执行到位。同时要加强工程组织协调管理，尽量避免极端条件下的带电跨越线路施工，为施工安全创造条件。

（4）强化施工现场安全风险的有效防控。按照 Q/GDW 10250—2021《国家电网有限公司输变电工程建设安全文明施工规程》，施工承包单位要加强施工组织，对危险性大、专业性强的施工作业现场，加强重大施工方案、安全措施的审查，进行关键工序管控。监理单位要加强监理力量的配备，保障工程现场管理需要，及时准确掌握关键工序、风险较高的施工作业情况，及时指导监理人员加强过程中的安全监理，有针对性地开展巡查监督管理，负责组织开展隐患排查治理工作，加强安全管、控、防。

【案例六】±800kV 直流线路跨越架线施工违章作业造成临近 ±500kV 龙政直流 II 单极闭锁事件

1. 事件经过

2021 年 3 月 18 日，××送变电公司施工的陕北—湖北±800kV 特高压直流输电工程接地极线路工程 T95 号～T98.1 号架线施工。该架线区段与龙政线直流的 681 号～682 号档平行，边导线相距约 51m，二者同时跨越 110kV 环长油线 67 号～68 号档，该 110kV 线路双地线，该地线与接地极线路 T98 号塔距离约 35m，与龙政直流导线垂直净空距离 10.5m。

按照××供电公司月度停电计划和电力线路第一种工作票，110kV 环长油线配合跨越停电时间为 3 月 17～18 日。3 月 17 日，施工项目部完成接地极线路右相导线展放，并完成左相导引绳（Φ16 高强锦纶绳）展放。3 月 18 日上午 8:00 左右，施工人员到达现场继续施工，天气为中雨。8:45 左右，现场启动张力机、牵引机对左相导引绳进行展放，因导引绳被雨水淋湿造成自重加大，而放线张力未及时调增，导致导引绳下坠并搭在 110kV 环长油线左地线上。当导引绳连接器（抗弯连接器）随导引绳移动到左地线处时将地线挂住，拉着地线沿导引绳前进方向移动，在此过程中，地线水平移动的同时，高度也在提升。位于接地极线路 T98 号塔位的高空监护人员发现情况后通过对讲机通知张力场、牵引场停机，当时风雨较大，对讲机沟通不畅，张力场、牵引场操作人员通过对讲机听到 T98 号塔位高空人员模糊的呼叫后，操作张力机、牵引机停机，但此时地线已被拉升，最终断裂掉落。

调度记录显示，3 月 18 日上午 8:48，龙政直流极Ⅱ线路故障，导致极Ⅱ闭锁。14:55，国网××检修公司巡线发现龙政直流极Ⅱ导线在跨越 110kV 环长油线跨越点附近有放电闪络痕迹。

现场勘察发现，110kV 环长油线左地线断点部分线股端部有熔融痕迹，部分线股端部缩径，部分线股端部两种现象均存在。可以推断 110kV 环长油线左地线被导引绳连接器拉高，与龙政直流净空距离过小，导致龙政直流对其放电，使该地线部分线股被电弧烧熔，剩余线股不足承受张力而被拉断（呈现缩径状态）。

2. 违章分析

（1）事件直接原因是导引绳因下雨淋湿自重加大而下坠，现场展放导引绳未相应加大张力，造成导引绳与位于其下方的 110kV 环长油线左地线接触，在展放过程中导引绳连接器卡住 110kV 环长油线左地线并拉高，110kV 环长油线左地线与位于其上方的龙政直流极Ⅱ线路净空距离变小，导致直流线路对 110kV 环长油线左地线放电。

（2）事件间接原因，一是对施工涉及的电网风险和作业风险辨识不到位、不全面，未采取有效的应对措施。二是现场监护不到位，未提前发现导引绳下坠和接触下方地线的问题。三是未按照施工方案对被跨越线路安装 PVC 管进行保护。

（3）事故暴露出的问题一是作业风险辨识不到位。施工单位未有效识别降雨天气带来的风险，未针对新增作业风险重新制定日作业计划、重新制定采取风险管控措施。二是安全技术管理不到位。作业人员执行施工方案不严格，未对被跨越线路采取保护措施。施工方案中牵引力、张力数值等关键参数与现场实际明显不符，不能有效指导现场作业。三是监理履责不到位。监理旁站未针对降雨天气新增风险做出针对性措施。现场使用的抗弯连接器未报审即进场使用。四是安全培训准入不到位。本项目部分作业人员未纳入准入库。施工项目部组织的复工入场考试试卷笔迹和内容雷同。五是现场管控和风险督查不到位，施工、监理项目部人员现场把关不严，××送变电公司安管中心未接通现场视频信号，××建设公司督查例会内容针对性不强。

3. 防范措施

（1）深刻反思，严肃整顿。加强安全教育，增强安全意识，压实安全责任，明确安全职责清单，各级岗位人员严格履行岗位安全职责，落实岗位安全责任，针对安全管理不足，制定落实整改措施。

（2）加强分包队伍管理，严格管控队伍人员。严把队伍人员准入关，按照全覆盖原则做好安全准入考试和培训交底工作，准入和培训要结合现场实际，确保每一名作业人员具备安全作业能力。

（3）严格管控作业现场。要深入开展现场勘察，按照现场实际编制施工方案。认真开展安全交底、站班会等工作，作业前开展风险复核，现场条件发生变化，要采取相应的安全保障措施。加强管理人员到岗到位、监理人员巡视旁站，督促落实安全责任和风险管控措施。

（4）项目部严格管控现场作业计划。项目部应按照“复工五项基本条件”逐项核查待复工项目，将全部作业计划纳入平台实施“周安排、日管控”。将“日管控”作为计划管理和风险管控的重点，作业内容、现场条件等发生变化的，要重新制定日计划、重新部署安全管控措施。在保证安全承载力的基础上制定作业计划，作业窗口紧张的，要采取相应的安全管控措施，严禁盲目抢进度。

（5）严格做好现场作业风险管控的督查。

【案例七】2017 年 5 月 14 日，110kV 输电工程发生倒塔事故，造成分包单位 4 人死亡。

1. 事故经过

国网××供电公司所属集体企业××送变电工程有限公司承建胶州铺集 110kV 输电工程，分包单位××电器有限公司，现场施工单位××××电力有限公司，监理单位山东××监理有限公司。2017 年 5 月 14 日，分包单位王×带着 24 名工人计划进行 8～15 号光缆架设和 9～15 号耐张段架线作业，7 时 30 分，项目部组织召开停电开工会，8 时完成跨越封网并开始放线。8 时 37 分开始对 9～15 号区段导线、地线进行紧线和挂线，11 时 53 分开始 8～15 号区段光缆（左侧地线）架线，在 8 号塔进行光缆紧线，15 号塔为锚线塔；在 9 号塔左侧地线支架悬挂放线滑车对光缆进行紧线施工，其他作业未进行。11 时 55 分左右，准备划印（标记）安装耐张金具时，9 号塔因地脚螺母不匹配、地脚螺栓紧固力不足，整体向转角内侧倾倒坍塌，造成正在铁塔上进行紧线施工的高××等 4 人随塔坠落，当场死亡。

2. 违章分析

（1）事故直接原因是铁塔地脚螺母与螺栓不匹配、地脚螺栓紧固力不足；紧线塔未设置反向拉线。

（2）事故间接原因，一是对铁塔质量三级验收把关不严。二是现场监护不到位，安全技术措施未到位就开始进行紧线作业。

（3）事故暴露出的问题：一是“以包代管”问题依然突出。各级安全责任制不落实，人员责任心不强，相关单位未对现场进行必要的检查验收和把关，工程建设单位、施工单位和监理单位均未及时发现和纠正施工现场重大安全问题。二是分包单位作业组织秩序混乱。违反电网建设安规，未按照施工作业技术措施进行施工，施工人员盲目作业，在反向拉线未设置的情况下冒险开展放线。三是参建单位未深刻吸取“5·7”事故教训，对安全工作要求置若罔闻，本次事故发生的原因与“5·7”分包人身死亡事故相似，反映出施工安全措施、技术措施和组织措施存在严重缺失。

3. 防范措施

（1）强化安全生产思想认识。认真学习贯彻党的十九大精神，以习近平新时代中国特色社会主义思想为指导，牢固树立安全发展理念，弘扬生命至上、安全第一的思想，坚守发展决不能以牺牲安全为代价这条不可逾越的红线，切实强化政治自觉和行动自觉，始终将安全生产置于一切工作的首位，真正把保障员工生命安全作为工作的出发点和落脚点，严谨细致抓好安全生产各项工作。

（2）落实全员安全生产责任。认真落实“党政同责、一岗双责、齐抓共管、失职追责”要求，建立完善工作内容明确、责任清晰、措施完善、考核到位的安全生产责任制。强化落实建设、设计、施工、监理各方安全责任，尤其是要强化业主项目部的组织协调管理责任。建立事故整改后评估机制，及时组织对事故整改效果开展“回头看”，对整改措施不落实的严格问责。

（3）开展安全生产问题清单专项梳理工作。坚持问题导向，按照“四上四下”工作流程和节点要求，全面全员全过程开展安全生产问题清单专项梳理工作，深入排查梳理安全工作体制、机制、管理、技术上存在的深层次问题，形成安全生产问题清单。按照边查边改、立行立改的要求，采取针对性措施全面彻底整改问题，整体提升安全管控水平。

（4）加强工程项目安全管理。严格落实国家法律法规要求，规范项目部建设和管理，强化施工方案的编审批和执行，保证工程合理工期。推进电力建设工程施工安全年活动，抓好安全教育培训，加强隐患排查和风险预警管控，强化脚手架、深基坑开挖、组塔、放紧线、索道等专项安全管理。将分包人员纳入施工项目部“四统一”管理，严格执行作业负责人岗位要求。加强城乡配电网小型分散工程安全管控，确保现场作业施工安全。

（5）以改革举措提升基建安全水平。以基建队伍能力建设为着力点，抓好基建队伍改革 12 项配套政策落地，推进施工监理企业劳动用工及薪酬改革，加强施工单位作业层班组建设，落实施工单位技术装备配置计划和预算，加强核心分包队伍培育和管控，强化关键点、关键人员管控及量化考核，推进集体施工企业瘦身健体优化整合，推进质量监督体制改革，彻底解决施工单位“以包代管”、监理单位“形同虚设”、业主单位“层层衰减”、分包队伍“散兵作战”等问题，夯实施工安全基础，提升基建安全水平。

第七章

班组安全管理

第一节 班组建设标准

一、班组建设基本要求

施工作业层班组（简称“班组”）是指在输变电工程建设过程中，具备独立完成相应作业能力，在施工项目部的直接管理下开展作业的基本施工组织单元。输变电工程建设施工现场，无论采取哪种方式（施工单位自行组织作业、劳务分包作业或专业分包作业），均应组建作业层班组。

1. 基本岗位设置

原则上班组均应设置班组负责人、班组安全员、班组技术员；现场作业人员可按专业设置高空作业、起重操作、测量、机械操作（如机动绞磨操作、牵张机操作）、压接作业等技能岗位，其余均为一般作业岗位。

2. 基本组织架构

班组组建应采取“班组骨干+班组技能人员+一般作业人员”模式，其中班组骨干为班组的负责人、安全员和技术员，班组技能人员包含核心分包人员，一般作业人员包含一般分包人员。班组在实际作业过程中，如需安排班组成员进行其他作业（如运输），班组负责人需指定作业面监护人，并在每日站班会记录中予以明确。班组负责人必须对同一时间实施的所有作业面进行有效掌控，一个班组同一时间只能执行一项三级及以上风险作业。

二、线路架设作业层班组建设标准

1. 建设原则

线路组塔、架线阶段有相应班组分别以单基塔、单个放线段为单元组织开展施工作业；原则上每套抱杆系统与一个固定组塔班组配套，每套牵张设备与一个固定架线班组配套。线路基础班组可采取柔性建制，班组下设若干作业面（即以塔基为单位的施工作业点），班组负责人需在每个作业面制定作业面监护人，并在每日站班会记录中予以明确。

2. 班组人员及工种配置要求

根据不同施工专业、不同电压等级、不同作业条件进行具体配置，围绕班组作业人员及工种配置标准进行配置，班组人员均应纳入“e 安全”实名制管控。提出班组人员任职资格条件、班组岗位职责、班组教育与培训、班组驻地建设要求等详见《国家电网有限公司输变电工程建设施工作业层班组建设标准化手册》（基建安质〔2021〕26 号）。

3. 工作职责

（1）班组工作职责。

1）负责工程具体作业的安全管理工作，落实安全管理工作要求。

2）开展班组安全教育培训，负责落实站班会要求。

3）办理施工作业票，落实风险预控措施要求。

4）及时准确上报工程建设安全工作信息。

5）执行现场应急处置方案，执行应急报告制度。

6）配合工程建设安全事件调查和处理工作。

7）负责本班组人员个人安全防护用品的准入、领用和检查。

（2）班组负责人。

1）负责班组日常安全管理工作，对施工班组（队）人员在施工过程中的安全与职业健康负直接管理责任。

2）负责工程具体作业的管理工作，履行施工合同及安全协议中承诺的安全责任。

3）负责执行上级有关输变电工程建设安全质量规程、规定、制度及安全施工措施，纠正并查处违章违纪行为。

4）负责新进人员和变换工种人员上岗前的班组级安全教育，确保所有人经过安全准入。

5）组织班组人员开展风险复核，落实风险预控措施，负责分项工程开工前的安全文明施工条件检查确认。

6）掌握“三算四验五禁止”安全强制措施内容，对作业涉及的“五禁止”

内容负责。

7）负责“e 安全”中“日一本账”计划填报；负责使用“e 安全”填写施工作业票，全面执行经审批的作业票。

8）负责组织召开“每日站班会”，作业前进行施工任务分工及安全技术交底，不得安排未参加交底或未在作业票上签字的人员上岗作业。

9）配合项目安全、质量事件调查，参加事件原因分析，落实处理意见，及时改进相关工作。

（3）班组安全员。

1）负责组织学习贯彻输变电工程建设安全工作规程、规定和上级有关安全工作的指示与要求。

2）协助班组负责人进行班组安全建设，开展安全活动。

3）掌握“三算四验五禁止”安全强制措施内容，对作业涉及的“四验”内容负责。

4）负责施工作业票班组级审核，监督经审批的作业票安全技术措施落实。

5）审查施工人员进出场健康状态，检查作业现场安全措施落实，监督施工作业层班组开展作业前的安全技术措施交底。

6）负责施工机具、材料进场安全检查，负责日常安全检查，开展隐患排查和反违章活动，督促问题整改。

7）负责检查作业场所的安全文明施工状况，督促班组人员正确使用安全防护用品和用具。

8）参加安全事故调查、分析，提出事故处理初步意见，提出防范事故对策，监督整改措施的落实。

（4）班组技术员。

1）负责组织班组人员进行安全、技术、质量及标准化工艺学习，执行上级有关安全技术的规程、规定、制度及施工措施。

2）掌握“三算四验五禁止”安全强制措施内容，对作业涉及的“三算”内容负责。

3）负责本班组技术和质量管理工作，组织本班组落实技术文件及施工方案要求。

4）参与现场风险复测、单基策划及方案编制。

5）组织落实本班组人员刚性执行施工方案、安全管控措施。

6）负责班组自检，整理各种施工记录，审查资料的正确性。

7）负责班组前道工序质量检查、施工过程质量控制，对检查出的质量缺陷上报负责人安排作业人员处理，对质量问题处理结果检查闭环，配合项目部组织的验收工作。

8）参加质量事故调查、分析，提出事故处理初步意见，提出防范事故对策，监督整改措施的落实。

（5）班组其他人员职责。

1）自觉遵守本岗位工作相关的安全规程、规定，取得相应的资质证书，不违章作业。

2）正确使用安全防护用品、工器具，并在使用前进行外观完好性检查。

3）参加作业前的安全技术交底，并在施工作业票上签字。

4）有权拒绝违章指挥和强令冒险作业；在发现直接危及人身、电网和设备安全的紧急情况时，有权停止作业。

5）施工中发现安全隐患应妥善处理或向上级报告；及时制止他人不安全作业行为，在发生危及人身安全的紧急情况时，立即停止作业或者在采取必要的应急措施后撤离危险区域，第一时间报告班组负责人。

6）接受事件调查时就如实反映情况。

第二节　班组日常安全管理

一、人员进（出）场管理

（1）进入作业现场的班组应响应招标要求，现场实际入场人员如与中标承诺或施工合同内人员不一致，应将变更人员清单及资质书面报监理和业主项目部审查。监理、业主项目部应加强班组骨干的入场审核，重点审核是否已与信息平台发布信息及分包合同承诺一致、是否同时在其他工程兼职，对于不满足要求的不允许进场。

（2）工程开工前、班组全员到位后，班组负责人组织开展班组成员面部信息采集。依托“e 安全”对所有班组成员与作业人员信息库进行匹配，实现手机扫脸签名（现场扫脸即可转化为电子签名）。新进班组人员必须按流程及时采集入库。未按要求完成班组成员信息关联固化的，无法参加施工作业票、站班会、日常作业及考勤。

（3）班组核心人员及一般作业人员如需调整，应征得项目部同意；班组骨干人员如需调整，由项目部履行变更报审手续，经监理项目部审核批后，及时在系统中办理人员进出场相关手续，驻队监理应全程掌握班组人员进出信息。

（4）班组人员全面实施实名制管控，必须在公司统一的实名制作业人员信息库中。所有作业人员必须按要求签订劳动合同，购买保险，且体检合格，严禁使用非库内人员。外包队伍管理按《国家电网公司业务外包安全监督管理办法》[国网（安监/4）853—2021] 执行。

（5）班组施工结束，需经项目部同意，在“e 安全”中履行退场手续，否则无法在其他工程录入关联信息。

二、入场培训及交底

班组所有作业人员均需参加公司统一的安规准入考试，合格后方可上岗。凡增补或更换作业人员，根据其岗位，在上岗前必须通过相应安全教育考试，入场考试不合格的作业层班组人员严禁进入施工现场作业。

1. 进场培训

（1）由各省公司级单位组织班组人员实施考试合格准入，准入考试不能替代岗前培训考试。

（2）岗前培训考试作为进入施工作业现场入场考试的前提条件，是在各施工单位履行法定培训要求的基础上开展的培训考试。

（3）工程开工、转序、新班组入场前，由监理对培训情况进行核实，岗前培训考试合格的班组人员方可进场开展作业。

2. 过程培训

（1）项目部根据需要适时组织开展安全教育培训和岗位练兵活动，提高作业人员的安全意识、安全操作技能和自我保护能力，业主项目部、监理项目部进行监督。

（2）班组负责人组织班组全员进行安全学习，执行上级有关输变电工程建设安全质量的规程规定、制度及安全施工措施，并负责新进人员和变换工种人员上岗前的班组级安全教育，并记录在班组日志中。

（3）特种作业人员必须按照国家有关规定经专门的安全作业培训，取得相应资格，经过项目部岗前培训交底后方可上岗作业，离开特种作业岗位 6 个月的作业人员，应重新进行实际操作考试，经确认合格后方可上岗作业。

（4）班组全体人员需参与项目部级安全事故学习活动，并填写在安全活动记录中。所有作业人员应学会自救互救方法、疏散和现场紧急情况处理，所有员工应掌握消防器材的使用方法。

3. 施工方案及交底

（1）施工方案必须严格履行相应的编审批手续，班组技术员参与施工方案编写。

（2）项目部负责对班组骨干进行安全技术及施工方案交底，交代施工工艺、质量、安全及进度要求。

（3）班组骨干负责对班组成员施工过程的工艺、质量、安全等要求进行交底，班组级交底可通过宣读作业票实施。

三、作业计划管控

（1）班组负责人根据项目部交底、施工方案及作业指导书，结合施工安全风险复测，提前在“e 安全”编制施工作业票，明确人员分工、注意事项及补充控制措施，提交流转至审核人处（A 票由班组安全员、技术员审核，B 票由项目部安全员、技术员审核）；审核人确认无误后，提交流转至作业票签发人（A 票转至项目总工，B 票转至施工项目经理）；B 票签发后还需报监理审核，如属二级风险作业还需推送至业主项目部审核。

（2）施工作业票完成线上审批流程后，班组负责人需确认作业条件。确定人员、机械设备、材料均已到位，现场无恶劣天气、民事问题等干扰因素后，一般应于作业前一天在“e 安全”中发起作业许可申请，报送“日一本账”计划。确认无误后，同步推送至各级管理人员“e 安全”。

（3）班组负责人要全程掌握作业计划发布、执行准备和实施情况，无计划不作业，无票不作业。

（4）作业过程中如遇极端天气、民事阻扰等情况导致停工，班组负责人可在“e 安全”中进行作业延期，同步推送至各级管理人员“e 安全”。

四、作业风险管控

（1）每日作业前，班组负责人根据当日作业情况填写每日站班会及风险控制措施检查表，组织班组人员召开站班会，按要求开展“三交三查”，交代当日主要工作内容，明确当日作业分工，提醒作业注意事项，落实安全防护措施，班组负责人要做到脱稿交底。交底过程全程录音存档，所有人员在“e 安全”签名，自动形成当日考勤记录。

（2）三级以上风险应实施远程视频监控，班组负责人负责按照相关规定，在合适位置设置移动远程视频监控装置。

（3）作业过程中，班组安全员（作业面监护人）需对涉及拆除作业、超长抱杆、深基坑、索道、水上作业、反向拉线、不停电跨越、近电作业等已经发生过的事故类似作业和特殊气象环境、特殊地理条件下的作业，严格落实安全强制措施管理要求，坚决避免触碰“五条红线”。

（4）作业过程中，班组安全员（作业面监护人）需对施工现场安全风险控制措施进行复核、检查，在作业过程中纠正班组人员的违章作业行为。

（5）三级以上风险作业现场，班组负责人需全程到岗到位监督指挥，班组安全员到岗监护，驻队监理到岗旁站，各级管理人员严格落实《输变电工程建设安全管理规定》［国网（基建/2）173—2021］中到岗到位要求。

（6）当日收工前，班组骨干组织进行自查，重点检查拉线、地锚是否牢靠，用电设备、施工工器具是否收回整理，是否做好防雨淋等保护措施；配电箱等是否已断电，杆上有无遗留可能坠落的物件，留守看夜人员是否到位，值班棚是否牢固，是否存在煤气中毒等隐患，施工作业区域是否做到工完料尽场地清，并对撤离人员进行清点核对（“e 安全”中）。

（7）每日作业结束后，班组负责人应确认全部人员安全返回，向项目部报告安全管理情况。总结分析填写当日施工内容及进度、现场安全控制措施落实情况及次日施工安排等。

五、安全文明施工管理

（1）施工单位和专业分包队伍应严格落实 Q/GDW 10250—2021《输变电工程建设安全文明施工规程》要求，为班组提供相应的安全文明施工设施，规范作业人员行为，倡导绿色环保施工，保障作业人员的安全健康。

（2）班组应设置好现场安全文明施工标准化的设施，并严格按照文明施工要求组织施工。

（3）发生环境污染事件后，班组负责人应立即向项目部报告，采取措施，可靠处理；当发现施工中存在环境污染事故隐患时，应暂停施工并汇报项目部。

六、施工机械及工器具管理

（1）项目部严格按照施工方案要求，向施工单位（专业分包由专业分包单位负责）申请并选配施工机械及工器具（简称施工机具）。

（2）班组安全员负责对施工机具进行进场前检查，检查中发现有缺陷的机具应禁止使用，及时标注并向项目部申请退换。

（3）班组应建立施工机具领用及退库台账，同时建立的日常管理台账，每日作业前应进行施工机具安全检查。

（4）机械设备（包括绞磨、压接机、牵张机等）严禁未经培训取证人员随意操作，不可随意拆卸、更换，严格按操作规程操作。

（5）班组负责人指定专人集中保管施工机具，负责日常维护保养，对正常磨损及自行不能保养、维修的由班组向项目部提出申请进行更换及保养。

七、班组应急管理

1. 班组应急管理要求

（1）施工单位、专业分包单位应将班组纳入项目部应急工作组，参加应急演练，参与应急救援。施工现场应配备急救器材、常用药品箱等应急救援物资，施工车辆宜配备药箱，并定期检查其有效期限，及时更换补充。

（2）班组人员应参加项目部组织的应急管理培训，全员学习紧急救护法，会正确解脱电源，会心肺复苏法，会止血、会包扎，会转移搬运伤员，会处理急救外伤或中毒等。

2. 班组应急组织流程

（1）突发事件发生后，班组人员应立即向班组负责人报告，班组负责人立即下令停止作业，即时向项目负责人汇报突发事件发生的原因、地点和人员伤亡等情况。

（2）班组负责人在项目部应急工作组的指挥下，在保证自身安全的前提下，组织应急救援人员迅速开展营救并疏散、撤离相关人员，控制现场危险源，封锁、标明危险区域，采取必要措施消除可能导致次（衍）生事故的隐患，直至应急响应结束。

（3）应急救援人员实施救援时，应当做好自身防护，佩戴必要的呼吸器具、救援器材。

（4）应急处置过程中，如发现有人身伤亡情况，要结合人员伤情程度，对照现场应急工作联络图，及时联系距事发点最近的医疗机构（至少两家），分别送往救治。

（5）配合项目部做好相关人员的安抚、善后工作。

八、班组其他要求

（1）机动车运输：线路班组应配备接送人员上下班的专用载人车辆（宜租用中巴车），车辆购置或租用手续应完备，车况应良好，年检应合格有效，车上必须配备灭火器；司机须持有符合规定的驾照，且体检合格。车辆使用过程中严禁人货混装，严禁超员超载。

（2）水上运输：班组如需用船舶，应遵循水运管理部门或海事管理机构有关规定。班组使用的船舶应安全可靠，船舶上应配备救生设备，并签订安全协议。使用船舶接送班组人员严禁超载超员，船上应配备合格齐全的救生设备。班组人员应正确穿戴救生衣，掌握必要的安全常识，会熟练使用救生设备。

（3）防疫要求：项目部应对进场人员活动轨迹进行排查，作业人员进场前应汇总上报进场人员信息，若发现与确诊、疑似病例或疫情高发区归来人员有密切接触的，应立即隔离，不予入场，并立即报告属地社区、街道（乡镇）相关部门。要严格落实参建人员实名制管控要求，组织对进场人员进行实名登记，最大限度减少现场人员流动；对所有进入现场人员一律测体温，发烧、咳嗽等症状者禁止进入工地；确保做到“早发现、早报告、早隔离、早处置”。班组需配备齐全的疫情防控物资，包括口罩、体温检测仪、消毒物资等，避免无防护措施施工作业情况发生。班组成员应尽快完成新冠疫苗接种工作。

附录 A　现场标准化措施方案模板

附录 A-1　项目管理实施规划模板

×××××××工程

项目管理实施规划

施工单位（章）

____年____月____日

审 批 页

批　　准：（施工单位技术负责人）　　　　________年____月____日

审　　核：（施工单位安全管理部门）　　________年____月____日

　　　　　（施工单位质量管理部门）　　________年____月____日

　　　　　（施工单位技术管理部门）　　________年____月____日

编　　写：（项目经理）　　　　　　　　________年____月____日

　　　　　（主要编写人员）　　　　　　________年____月____日

目　次

6.4 安全管控重点措施

6.5 危险点、薄弱环节分析预测及预防措施

7 环境保护与文明施工体系

7.1 施工引起的环保问题及保护措施

7.2 文明施工的目标、组织结构和实施方案

8 绿色施工方案

8.1 技术要求

8.2 组织管理体系

8.3 减少资源浪费措施

8.4 减少环境污染措施

9 工地管理和施工平面布置

9.1 施工平面布置

9.2 工地管理方案与制度

10 施工方法与资源需求计划

10.1 劳动力需求计划及计划投入的施工队伍

10.2 施工方法及主施工机具选择

10.3 施工机具需求计划

10.4 材料、消耗材料需求计划

10.5 资金需求计划

11 施工管理与协调

11.1 技术管理及要求

11.2 物资管理及要求

11.3 资金管理及要求

11.4 作业队伍及管理人员管理及要求

11.5 协调工作（参建方、外部）

11.6 分包计划与分包管理

11.7 计划、统计和信息管理

11.8 资料管理

12 标准工艺施工

12.1 标准工艺实施目标及要求

12.2 标准工艺及技术控制措施

12.3　工艺标准、施工要点及实施效果

12.4　标准工艺成品保护措施

13　创优策划

13.1　施工创优目标

13.2　施工创优管理措施

14　施工新技术应用

14.1　采用新设备

14.2　采用新工艺

14.3　采用新材料

15　主要技术经济指标

15.1　项目技术经济指标

15.2　降低成本计划与措施

附表：施工单位（施工项目部）项目建设施工安全管控责任清单及执行记录

附录 A–2　施工安全管控措施模板

×××××××工程

施工安全管控措施

编制单位（章）：

编制时间：_____年_____月_____日

审　批　页

批　　准（分管领导）________　　　　________年____月____日

技术审核（技术部门）________　　　　________年____月____日

安全审核（安全部门）________　　　　________年____月____日

编　　写（项目总工）________　　　　________年____月____日

目　　次

8　分包安全管理措施

8.1　分包队伍安全管控措施

8.2　分包人员安全管控措施

9　应急管理措施

10　安全检查及隐患排查

11　信息管理

附表：三级及以上施工安全风险识别、评估清册

附录 A–3 输变电工程建设专项施工方案编制的范围（包括但不限于）

表 1 输变电工程建设专项施工方案编制的范围（包括但不限于）

施工作业内容	方案类型	编制范围
季节性施工	专项	冬期施工
土石方爆破	施工组织设计	土石方工程
基础施工	专项	1）开挖深度超过 3m（含 3m）的基坑； 2）开挖深度虽未超过 3m，但地质条件、周边环境复杂的基坑（槽）支护、降水工程； 3）高边坡开挖； 4）人工挖扩孔桩
临近带电体施工	专项	1）基础施工的作业机械、杆塔或架线施工临近高压带电体，与带电体安全距离小于《电建安规》2.5.2.6 近电作业安全管控，表 1 作业人员或机械器具与带电线路风险控制值； 2）同塔扩建第二回，另一回不停电
顶管施工	专项	电缆隧道施工
隧道盾构施工	专项	电缆隧道施工
水上运输	专项	主要原材料或杆塔构件、导地线金具等使用船舶运输
索道运输	专项	索道运输，其中对载重量超过 4t、地形特殊的索道施工方案，施工单位组织专家集中评审
高塔组立施工	专项	全高 80m 及以上的杆塔组立
直升机组塔	专项	使用直升机组立杆塔
架空输电线路施工	专项	跨越高速公路（含全封闭一级公路）、高速铁路、带电线路、通航河流，跨（穿）越重要输电线路
跨越架搭设	专项	搭设高度 24m 及以上的跨越架施工（属于特殊跨越施工的，可纳入《特殊跨越专项施工方案》）
张力架线施工	专项	大截面导线（720 及以上）张力架线、碳纤维导线等新型复合材料导线、大长电缆敷设（110kV 及以上电压等级，按常规设计需要制作两组及以上中间接头的电缆段敷设）
拆除施工	专项	110kV 及以上架空线路拆除

附录B　现场应急处置方案模板

×××千伏输变电工程
现场应急处置方案

________输变电工程项目应急工作组

_______年______月发布

批准人：

建设单位分管领导 ___________时间：________

审查人：

业主项目经理：____________________时间：__________

总监理工程师：____________________时间：__________

施工项目经理：____________________时间：__________

编写人：

施工项目安全员：__________________时间：__________

监理安全专监：____________________时间：__________

业主安全专责______________________时间：__________

目　　次

×××千伏输变电工程现场应急处置方案

1　总则

1.1　编制目的

为贯彻落实国家有关安全事故应急救援与处理的法律、法规及国家电网公司、浙江省电力公司有关规定，有效防范重大安全事故的发生，及时消除各类事故隐患和事故发生后有效地避免或降低人员伤亡和财产损失，并且在第一时间充分调动各方面力量投入抢险救助工作，现结合×××千伏××输变电工程安全施工实际情况，制定本工程应急处置方案。

1.2　编制依据

《中华人民共和国突发事件应对法》

《中华人民共和国安全生产法》

《中华人民共和国环境保护法》

《生产安全事故报告和调查处理条例》

《电力安全事故应急处置和调查处理条例》

《生产安全事故应急条例》

《国家突发事件总体应急预案》

《突发事件应急预案管理办法》

《生产安全事故应急预案管理办法》

《中央企业应急管理暂行办法》

《电力企业应急预案管理办法》

《生产经营单位生产安全事故应急预案编制导则》

《电力企业综合应急预案编制导则》

《国家电网有限公司应急工作管理规定》

《国家电网有限公司应急预案管理办法》

《国家电网有限公司电力突发事件应急响应工作规则》

《国家电网有限公司部分典型电力突发事件应急处置指南》

《国家电网有限公司突发事件总体应急预案》

《浙江省突发公共事件总体应急预案》

《国网浙江省电力有限公司突发事件总体应急预案》

《国网浙江省电力有限公司关于进一步加强突发事件应急指挥体系运转的实施意见》

注：引用文件应是最新版本（包括所有的修改单）。根据方案编写时间及时更新最新版并引用其中内容。

1.3　适用范围

本预案适用于×××千伏输变电工程建设过程中发生的事故或紧急情况下的应急与响应。主要包括人身伤亡事故现场应急处置方案；垮（坍）塌事故现场应急处置方案；火灾、爆炸事故现场应急处置方案；触电事故现场应急处置方案；机械设备事故现场应急处置方案；食物中毒施工现场应急处置方案；环境污染事件现场应急处置方案；突发恶劣天气现场应急处置方案；急性传染病现场应急处置方案等。

1.4　应急工作原则

1.4.1　把保障人员生命安全和身体健康、最大限度地预防和减少安全生产事故造成的人员伤亡作为首要任务。其次应尽可能减少财产损失和环境污染，按有利于恢复生产的原则组织应急行动。

1.4.2　现场应急工作组负责有关安全生产事故的应急管理和应急处置工作。各单位遵循以自救为主，坚持单位自救和社会救援相结合的原则，并接受上级单位应急组织的领导。

1.4.3　贯彻落实“安全第一，预防为主，综合治理”的方针，坚持事故应急与预防工作相结合。做好预防、预测、预警和预报工作，做好常态下的风险评估、物资储备、队伍建设、完善装备、预案演练等工作。

1.4.4　正确分析现场情况，及时划定危险范围，阻断危险点，防止二次事故发生及事态蔓延；调集救助力量，迅速控制事态发展，果断决定采取应急行动；同时保持通信畅通，随时掌握险情动态。

2　事故特征

2.1　危险性分析

××变电站站址位于××省××市××镇××北侧的山前沟谷地上，西距××市中心约 60km，西距××市区约 15km。工程建设受自然环境影响较大，主要是雷电、强（台）风等自然因素和人为因素引起可能造成的人身伤亡、设备损坏事故，可能发生以下几种事故：起重伤害、物体打击伤亡、机械伤害、高处坠落、触电、火灾、垮（坍）塌等。

2.2 事故发生的地点或设备的名称

起重伤害事故：主要发生在变电站构支架、设备安装和线路立塔阶段。

物体打击事故：多发生在变电站土建脚手架搭设和线路立塔工作面。

机械伤害事故：多发生在变电站土建施工和线路立塔阶段。

高处坠落事故：主要发生在线路杆塔立塔、架设阶段。

触电事故：主要发生变电站设备调试阶段。

火灾事故：多发生在变电站临建场地。

垮（坍）塌事故：主要发生在线路基础挖掘阶段。

2.3 事故可能发生的季节和造成的危害程度

起重机械事故无明显的季节特征，造成人员伤害和设备损坏。

物体打击事故无明显的季节特征，造成人员伤害和设备损坏。

机械伤害事故无明显的季节特征，造成人员伤亡和财产损失。

高处坠落事故无明显的季节特征，造成坠落人员的摔伤，严重的可导致死亡。

触电事故无明显的季节特征，会造成人身伤害和财产损失较为严重。

火灾事故多发生于干燥、多风的春秋季节，但生产作业活动引发的火灾事故则没有明显的季节特征，随时都有发生的可能。火灾的危害程度及危险性来说是非常大的，可能造成财产损失和人员伤亡。

因塌落物体自重大，往往伤害人员多，后果严重，容易造成重大或特大人身伤亡事故。

2.4 事故前可能出现的征兆

2.4.1 起重机械事故可能出现的征兆：

（1）设备异响。

（2）钢丝绳断丝超限。

（3）钩头裂纹。

（4）限重器报警。

（5）行走不同步。

（6）刹车失灵。

2.4.2 物体打击伤亡事故可能出现的征兆：

（1）施工作业人员未正确佩戴安全帽。

（2）高处作业人员未使用工具袋，乱扔乱抛物料（工具）。

（3）临边、洞口等无防护或防护不可靠。

（4）爆破作业未设警戒线。

（5）张拉作业人员、吊车作业人员、爆破作业人员无证上岗。

（6）架体未按设计方案搭设。

（7）物料堆放超过规定高度。

2.4.3 机械伤害事故可能出现的征兆：

（1）人员误操作。

（2）执行操作规程不严格。

（3）设备在运行过程中有重大异常现象。

（4）执行安装作业工艺不严格。

2.4.4 高处坠落事故可能出现的征兆：

（1）在高处作业时，下方没有架空安全防护网。

（2）作业人员没有持证上岗。

（3）作业人员精神状态不佳、疲劳作业。

（4）构架未悬挂警示牌。

（5）作业平台不牢固、有空洞。

（6）6 级及以上大风、雨、雪天高处作业。

（7）脚扣、腰绳等登高设备未定期检查。

（8）气温低于零下 10℃高处作业。

（9）杆塔、梯子作业前，未检查根部、基础和拉线。

2.4.5 触电事故可能出现的征兆：

（1）气候潮湿。

（2）电气设备及其职工宿舍、办公场地线路老化，管理混乱。

（3）电焊、发电、供电、检修线路等作业现场无警示标志。

（4）操作人员没有经过培训，不具备岗位作业技能。

（5）操作人员违章作业。

2.4.6 垮（坍）塌事故可能出现的征兆：

当在开挖、排土等作业过程中，超过自身极限强度的破坏成因，如边坡出线裂缝，排土场明显下沉等异常现象。

3　组织机构、人员职责

3.1　应急组织体系

成立×××千伏输变电工程应急工作组，由业主项目经理（第一责任人）

担任应急工作组组长，组织实施现场应急处置。下设应急救援组、保卫疏导组、医疗救助组、技术保障组、物资供应组。现场应急组织机构网络图如图 1 所示。

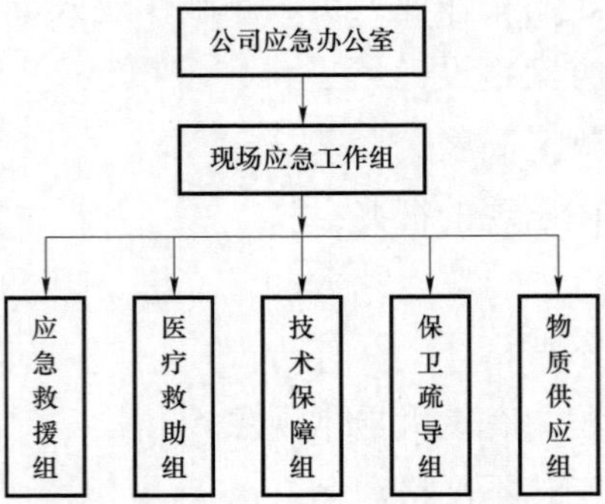

图 1　现场应急组织机构网络图

3.2　组织机构及职责

3.2.1　现场应急工作组：

组　长：

副组长：

成　员：

主要职责：

（1）所有事故现场操作的指挥和协调。

（2）现场事故评估。

（3）控制紧急情况。

（4）做好消防、医疗、交通等各公共救援部门联系工作。

3.2.2　各专业组职责：

3.2.2.1　应急救援组：

组长由　　　　　　（业主项目经理）担任，副组长由　　　　　　担任，成员为：

主要职责：

（1）迅速调集人力赶赴事故现场，组织实施抢险行动方案，解救和转移危险区人员，对受伤人员进行营救至安全地带。

（2）抢运现场可以转移的物资，转移可能引起新危险点的物品到安全地带。

（3）组织力量对被破坏的工程进行抢险和抢修。

（4）协调有关部门的抢险行动。

（5）及时向现场应急工作组报告抢险进展情况。

3.2.2.2 医疗救助组：

组长由　　　　　　（施工项目部施工队长）担任，成员：

主要职责：

（1）对事故现场受伤人员进行简易分类，并对受伤人员作简易的抢救和包扎工作。

（2）及时转移重伤人员到医疗机构就医。

3.2.2.3 技术保障组：

组长由　　　　　　（施工项目部项目总工）担任，成员：

主要职责：

（1）负责事故的设施、设备破坏的抢险救援所需的技术支持。

（2）负责提供事故所需的相关技术资料。

（3）配合、参与事故的调查。

3.2.2.4 保卫疏导组：

组长由　　　　　　（业主项目部专职安全员）担任，成员：

主要职责：

（1）对现场内外进行有效的隔离工作和维护现场应急救援通道畅通的工作。

（2）疏散现场外的人员撤出危险地带。

3.2.2.5 物资供应组：

组长由　　　　　　（施工项目部材料员）担任，成员：

主要职责：

（1）迅速调配抢险物资器材至事故发生点。

（2）提供和检查抢险人员的装备和安全配备。

（3）及时提供后续的抢险物资。

（4）迅速组织后勤必须供给的物品。

（5）及时输送后勤供给物品到抢险人员手中。

4 应急处置

4.1 事故应急处置程序

事故应急处置程序流程图如图 2 所示。

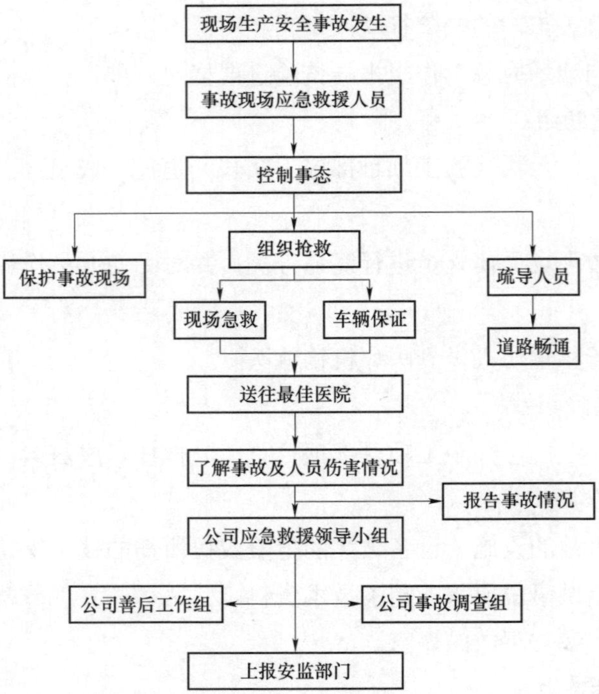

图 2　事故应急处置程序流程图

项目部做好应对突发事件的各项应急准备，加强对各类危险点的日常管理和监控，注意风险信息的收集与上报，对可能发生的涉及安全的预警信息进行全面评估和预测，制定有效的监督管理责任制和预防应急控制措施。

当事故达到应急处置方案起动条件时，由各级应急工作组组长发布启动应急处置方案命令，按应急处置方案的规定和要求以及事故现场的特性，执行应急行动。同时根据事态的发展需求，及时启动社会应急救援公共资源，最大限度地降低事故带来的经济损失和减少人员伤亡。

各级应急工作组迅速开展以下工作：决定是否向上级建议启动相应应急处置方案；确定进入应急状态的工作组和进入准备状态的工作组人员名单；召开应急行动动员会议，调集、组织有关应急处置力量，部署应急处置任务等。

4.1.1　事故汇报：基建安全事故发生后，现场人员立即向本单位负责人报告，其中工程项目事故还应向建设管理单位负责人报告，此后根据资产关系或管理关系，按逐级上报的原则进行报告，每级上报时间不得超过 1h。

3 人及以上重伤或人身死亡事故，事故发生单位应在 1h 内上报至网省公司或直属单位，同时向事故所在地地方政府安全生产监督管理部门及国家电力监管委员会派出机构报告；网省公司或直属单位收到报告后，应在 2h 内上报公司总部，同时在 16h 内上报书面材料。

重大、特别重大施工机械设备事故，事故发生单位应在 1h 内上报至网省公司或直属单位，网省公司或直属单位收到报告后，应在 2h 内上报公司总部，同时在 16h 内上报书面材料。

4.1.2 救援行动：在事件发生初期，在应急指挥体系尚未启动就位时，现场工作人员应根据有关规程、规定要求，立即采取措施解除或减轻事故对人身、财产安全的威胁，全力控制事故发展态势，防止次生、衍生和耦合事故（事件）发生，果断控制或切断事故灾害链，并保护现场。

应急指挥体系启动就位后，现场应急工作组成员明确救援步骤、所需设备、设施及人员，按照策划、分工，实施救援。需要救援车辆时，应急指挥应安排专人接车，引领救援车辆迅速施救。制定救援措施时一定要考虑所采取措施的安全性和风险，经评价确认安全无误后再实施救援，避免因采取措施不当而引发新的伤害或损失，详细专项应急处置方案见附件。

4.1.3 应急恢复：现场作业人员配合医疗人员做好受伤人员的紧急救护工作，安全人员做好现场的保护、拍照以及事故调查等善后工作后，恢复至事故前状态。

4.1.4 应急结束：应急处置方案实施之后，事故得到有效控制，环境符合有关标准，导致次生、衍生事故隐患消除，所有现场人员均得到清点，并确保未授权人员不会进入事故现场，现场应急处置工作结束，应急救援队伍撤离现场，不存在其他影响应急处置方案终止的因素；Ⅰ级响应经公司应急响应领导小组宣布应急响应结束，Ⅱ级响应施工项目部应急响应领导小组宣布应急响应结束。

4.1.5 后期处置：事故单位会同相关部门负责组织安全生产事故的善后处置工作，包括人员安置、补偿、清理与处理等事项。尽快消除事故影响，妥善安置和慰问受害及受影响人员，保证社会稳定，尽快恢复正常生产秩序。

建立健全防范事故灾难的风险转移机制。开展有关人身意外伤害和财产损失的保险工作，在事故应急后期处置中，根据事故调查结论及有关材料，与有关保险机构按保险合同落实人身和财产保险理赔。

4.1.6 事故调查和总结：在事故应急处置过程及处置结束后，根据有关规定，由事故调查组开展事故调查，施工项目部积极配合事故调查组开展工作。

安全生产事故善后处置工作结束后，各级应急响应领导小组及事件发生单位及时分析总结应急救援经验教训，提出改进应急救援工作的建议，完成应急救援总结报告并及时上报，同时根据需要组织修订相关应急处置方案。

4.2 现场应急处置措施

根据现场需要，×××千伏输变电工程应急处置措施有以下几个方案：

4.2.1 人身伤亡事故现场应急处置方案

4.2.1.1 基本原则：

（1）救援人员首先根据伤者受伤部位立即组织抢救，使伤者快速脱离危险环境，送往医疗急救中心（医疗部门）救治，并保护现场。查看事故现场周围有无其他危险源存在。

（2）在抢救伤员的同时迅速向上级报告事故现场情况。

（3）根据现场人员被伤害的程度，一边通知急救医院，一边对伤员进行现场救护。认真观察伤员全身情况，防止伤情恶化。发现伤员意识不清、瞳孔扩大无反应、呼吸、心跳停止时，应立即在现场就地抢救，用心肺复苏法支持呼吸和循环，对脑、心重要脏器供氧。心脏停止跳动后，只有分秒必争地迅速抢救，救活的可能才较大。

（4）现场工作人员应定期接受培训，学会紧急救护法，会正确解脱电源，会心肺复苏法，会止血、会包扎，会转移搬运伤员，会处理急救外伤或中毒等。

（5）对重伤者不明伤害部位和伤害程度的，不要盲目进行抢救，以免引起更严重的伤害。

（6）现场应配备急救箱，存放急救用品，并应指定专人经常检查、补充或更换。

4.2.1.2 抢救受伤人员时的处理

如发生人员昏迷、伤及内脏、骨折及大量失血、蛇咬伤：

（1）立即联系120急救车或离现场最近的医院，并说明伤情。为取得最佳抢救效果，还可根据伤情送往专科医院。如不能满足抢救条件，应在简单包扎急救后尽快送往××市第一人民医院或更高级别的医院进行救治。

（2）外伤大出血：急救车未到前，现场采取止血措施。

（3）骨折：注意搬运时的保护，对昏迷、可能伤及脊椎、内脏或伤情不详者一律用担架或平板，禁止用搂、抱、背等方式运输伤员。

（4）蛇咬伤：被蛇咬伤后不要剧烈奔跑，以减慢人体对蛇毒的吸收和蛇毒在人体内的传播速度，减轻全身反应；记住伤口的形态，详细告知急救的医务人员，如果把蛇打死，则带上死蛇，以便医务人员及时、正确地给以治疗。

4.2.1.3　常见的伤害急救方法

（1）骨折急救：

1）肢体骨折可用夹板或木棍、竹竿等将断骨上、下方两个关节固定，也可用伤员身体进行固定，避免骨折部位移动，以减少疼痛，防止伤势恶化。开放性骨折，伴有大出血者，应先止血，再固定，并用干净布片覆盖伤口，然后速送医院救治。切勿将外漏的断骨推回伤口内，以免感染和刺破血管和神经。

2）疑有颈椎损伤，在使伤员平卧后，用沙土袋（或其他代替物）放置头部两侧，使颈部固定不动。应进行口对口呼吸时，只能采用抬颏使气道通畅，不能再将头部后仰移动或转动头部，以免引起截瘫或死亡。

3）腰椎骨折应将伤员平卧在平硬木板上，并将腰椎躯干及两侧下肢一同固定预防瘫痪。搬动时应数人合作，保持平稳，不能扭曲。

4）骨折固定和注意事项：

a. 骨折固定应先检查意识、呼吸、脉搏及处理严重出血。

b. 骨折固定的夹板长度应能将骨折处的上下关节一同加以固定。

c. 骨断端暴露时，不要拉动。

d. 固定动作要轻快，最好不要随意移动伤肢或翻动伤员，以免加重损伤，增加疼痛。

e. 夹板或简便材料不能与皮肤直接接触，要用棉花或代替品垫好，以防局部受压。

f. 搬运时要轻、稳、快，避免震荡，并随时注意伤者的病情变化。没有担架时，可利用门板、椅子、梯子等制作简单担架运送。

（2）创伤止血急救：

1）伤口渗血：用较伤口稍大的消毒纱布数层覆盖伤口，然后进行包扎。若包扎后仍有较多渗血，可再加绷带适当加压止血。

2）伤口出血呈喷射状或鲜红血液涌出时，立即用清洁手指压迫出血点上方（近心端），使血流中断，并将出血肢体抬高或举高，以减少出血量。

3）用止血带或弹性较好的布带等止血时，应先用柔软布片或伤员的衣袖等数层垫在止血带下面，再扎紧止血带以刚使肢端动脉搏消失为度。上肢每

60min，下肢每 80min 放松一次，每次放松 1～2min。开始扎紧与每次放松的时间均应书面标明在止血带旁。扎紧时间不宜超过 4h。不要在上臂中 1/3 处和窝下使用止血带，以免损伤神经。若放松时观察已无大出血可暂停使用。

4）严禁用电线、铁丝、细绳等作止血带使用。

5）高处坠落、撞击、挤压可能有胸腹内脏破裂出血。受伤者外观无出血但表现面色苍白、脉搏细弱、气促、冷汗淋漓、四肢厥冷、烦躁不安，甚至神志不清等休克状态，应迅速躺平、抬高下肢、保持温暖、速送医院救治。若送院途中时间较长，可给伤员饮用少量糖盐水。

（3）颅脑外伤：

1）应使伤员采取平卧位，保持气道通畅，若有呕吐，应扶好头部和身体，使头部和身体同时侧转，防止呕吐物造成窒息。

2）耳鼻有液体流出时，不要用棉花堵塞，只可轻轻拭去，以利降低颅内压力。也不可用力擤鼻，排除鼻内液体，或将液体再吸入鼻内。

3）颅脑外伤时，病情可能复杂多变，禁止给予饮食，速送医院诊治。

（4）蛇咬伤急救：

1）被毒蛇咬伤后，应立即用柔软的绳或带结扎在伤口上方，以阻断静脉血和淋巴液的回流，减少毒液吸收，防止毒素扩散；应急排毒。

2）立即用冷茶、冷开水或泉水冲洗伤口。

3）施行刀刺排毒，用清洁的小苗刀、痧刀、三棱针或其他干净的利器挑破伤口，不要太深，以划破两个毒牙痕间的皮肤为原则，或在伤口周围的皮肤上，用小苗刀挑数孔，刀口如米粒大小，这样就可防止伤口闭塞，使毒液外流，刀刺后应马上清洗伤口，从上而下向伤口不断挤压 15min 左右，挤出毒液。如果伤口里的毒液不能畅通外流，可用吸吮排毒法，采用拔火罐、针筒前端套一条橡皮管来抽吸毒液，无工具时可直接用嘴吸吮，但必须注意安全，边吸边吐，每次都用清水漱口。

4）速送医院救治。

4.2.2 坍塌事故现场应急处置方案

4.2.2.1 基本原则：鉴于坍塌事故有突发性，在短时间内不易处理，处置行动必须做到接警调度快、到达快、准备快、疏散救人快、达到以快制快的目的。讲究科学、稳妥可靠的原则。解决坍塌事故要讲科学，避免急躁行动引发连续坍塌事故发生。坚持救人第一的原则。当现场遇有人员受到威胁时，首要任务是抢救人员。

4.2.2.2 应急处置措施：

（1）当施工现场的监控人员发现土方或建筑物有裂纹或发出异常声音时，应立即下令停止作业，并组织施工人员快速撤离到安全地点。

（2）当土方或建筑物发生坍塌后，造成人员被埋、被压的情况下，立即启动应急处置方案，并组织抢险人员赶赴现场。

（3）事故现场周围应设警戒线。现场抢救中，安排专人对边坡、架料、坍塌物等进行监护和清理，防止事故扩大。

（4）根据具体情况，采取人工和机械相结合的方法，对坍塌现场进行处理。当少部分土方坍塌时，应急救援组专业救护人员要用铁锹进行撮土挖掘，并注意不要伤及被埋人员；抢救中如遇到坍塌巨物，人工搬运有困难时，可调集大型的吊车、挖掘机进行调运；在接近边坡处时，必须停止机械作业；当采用吊车、挖掘机进行抢救，现场要设有指挥和监护，防止机械伤及被埋或被压人员。

（5）挖掘被掩埋伤员及时脱离危险区。

1）清除伤员口、鼻内泥块、凝血块、呕吐物等，将昏迷伤员舌头拉出，以防窒息。

2）进行简易包扎、止血或简易骨折固定。

3）对呼吸、心跳停止的伤员予以心脏复苏。

4）尽快与 120 急救中心取得联系，详细说明事故地点、严重程度，并派人到路口接应。

5）组织人员尽快解除重物压迫，减少伤员挤压综合征的发生，并将其转移至安全地方。

6）若有骨折时，应及时用夹板等简易固定后，立即送医院。

（6）事故现场取证救助行动中，安排人员同时做好事故调查取证工作，以利于事故处理，防止证据遗失。

（7）自我保护，在救助行动中，抢救机械设备和救助人员应严格执行安全操作规程，配齐安全设施和防护工具，加强自我保护，确保抢救行动过程中的人身安全和财产安全。

（8）在没有人员受伤的情况下，现场负责人应根据实际研究扑救措施，在确保人员生命安全的前提下，组织恢复施工秩序。

（9）现场情况稳定后，现场应急工作组应对塌方事件进行原因分析，制定相应的纠正措施。

4.2.3 火灾事故现场应急处置方案

4.2.3.1 基本原则

（1）救人重于灭火：火场上如果有人受到火势威胁，首要任务是把被火围困的人员抢救出来。

（2）先控制、后消灭：对于不可能立即扑灭的火灾，要首先控制火势的继续蔓延扩大，在具备了扑灭火灾的条件时，展开攻势，扑灭火灾。

（3）先重点、后一般：救人是重点；有爆炸、毒害、倒塌危险的方面的是重点；易燃、可燃物集中区域是保护重点；保护和抢救贵重物资是重点；控制火势蔓延的方面是重点；火场上的下风方向是重点；要害部位是火场上的重点。

4.2.3.2 火灾接警、报警程序

任何员工一旦发现火情，视火情的严重情况进行以下操作：

（1）局部轻微着火，不危及人员安全、可以马上扑灭的立即进行扑灭。

（2）局部着火，可以扑灭但有可能蔓延扩大的，在不危及人员安全的情况下，一方面立即通知周围人员参与灭火，防止火势蔓延扩大，一方面向现场管理者汇报。

（3）火势开始蔓延扩大，不可能马上扑灭的，按照以下情况处理：

1）现场最高领导者立即进行人员的紧急疏散，指定安全疏散地点，并组织清点疏散人数，发现有缺少人员的情况时，立即通知项目经理或消防队员。

2）项目经理马上向公司领导汇报。

3）现场最高领导者立即拨打消防报警电话 119，派人在路口接应消防车，并组织人员到火场切断电源、维持秩序。

4）若有人员受伤，立即送往最近的东阳市人民医院或并拨打救护电话 120 与医院联系。

4.2.3.3 火灾扑救指挥程序

（1）查明情况。

1）起火部位、燃烧物的性质、火灾范围、火势蔓延路线及发展方向。

2）是否有人被困、查清被困人员数量和所处位置及最佳疏散通道。

3）有无爆炸及毒性物质、查清数量、存放地点、存放形式及危险程度。

4）查明贵重财物的数量及存放点、存放形式及受火势威胁的程度，判断是否需要疏散和保护。

5）起火建筑的结构、耐火等级，与毗邻建筑的距离，火场建筑有无倒塌危险，需要破拆的部位。

（2）抢救被困人员，疏散群众、物资。

1）在查明火情后，火场总指挥应遵循先救人后救物的原则，抢救被困人员，疏散群众和物资。一般情况下，绝大多数的遇险人员可以安全地疏散或自救，脱离险境。因此，必须坚定自救的意识，不要惊慌失措，要冷静观察，采取可行的措施进行疏散自救。

2）寻找被困者：大声呼唤、深入搜寻（注意出入口的通道、走廊、门窗边、床上床下、墙角、柜橱、桌下、卫生间等隐蔽处）。

3）救援被困者：对神志清醒人员，指路自行脱离火场；对神志不清人员，带路脱离火场；对伤、病、残人员及儿童要背、抱、抬出火场；当正常通道被隔断时，要利用绳、梯等将人救出。

4）因地制宜组织有可能被火势殃及的建筑物内的群众疏散。

5）抢救贵重物资。

6）选择被救物资堆放点和消防车入场路线。

7）疏散时，如果人员较多或能见度很差时，应在熟悉疏散通道布置的人员带领下，鱼贯地撤离事故现场。带领人可用绳子牵领，用“跟着我”的喊话或前后扯衣襟的方法将人员撤至室外或安全地点。

8）在撤离事故现场的途中被浓烟所围困时，由于浓烟一般是向上流动，地面上的烟雾相对比较稀薄，因此可采用低姿势行走或匍匐穿过浓烟；如果有条件，可用湿毛巾等捂住嘴、鼻或用短呼吸法，用鼻子呼吸，以便迅速撤出烟雾区。

9）楼房楼下着火时，楼上的人不要惊慌失措，应根据现场的不同情况采取正确的自救措施。

10）火灾时身穿衣帽一旦着火，应尽快地把衣帽脱掉，如果来不及，可把衣服撕碎扔掉。切记不能奔跑，那样会使身上的火越烧越旺，还会把火种带到其他场所，引起新的火点；身上着火，可就地倒下打滚，把身上的火压灭。在场的人员可帮助灭火。

4.2.3.4　应急抢险的主要措施

（1）火灾的处理措施。建筑物发生火灾，火从建筑物一端烧起来向另一端蔓延，应从中间控制；中间起火向两端蔓延，应从两端控制，以下风为主；楼层着火，上下控制，以上层为主。

（2）电气线路和设备起火的安全处理措施。

1）禁止无关人员进入着火现场，以免发生触电伤亡事故。

2）迅速切断电源，保证灭火的顺利进行。其具体方法是：通过各种开关来切断电源，但关掉各种电气设备和拉闸的动作要快，以免拉闸过程中产生的电弧伤人，通过剪断电线来切断电源，对于架空线，应在电源来的方向断电。

3）正确选择灭火器进行扑救。扑救电气火灾时，通常选用干粉灭火器，在喷射过程中要注意保持适当距离。

4）采取安全措施，带电进行灭火。用室内消火栓灭火时，要穿戴绝缘手套、胶鞋或均压服，在水枪喷嘴处连接入地导线等，以保证人身安全和有效地进行灭火。

4.2.3.5 警戒与事故调查处理程序

（1）划出警戒区域，禁止无关人员进入。

（2）检查火场有无余火，有无再次发生火灾的隐患，周围建筑物有无飘落的火种。

（3）注意发现、保护起火点，尽可能保持火场燃烧后的原貌。

（4）配合消防部门查清起火原因，核实火灾损失，写好火灾报告，查处有关责任人，教育群众汲取教训。并执行公安消防部门的整改措施。

（5）对自行扑灭的火灾由安全部门组织相关部门进行调查、分析，写事故调查报告。

（6）处理好善后工作。

4.2.4 触电事故现场应急处置方案

4.2.4.1 基本原则

触电事故一旦发生，首先要使触电者迅速脱离电源，并立即在现场就地抢救，如发现伤员呼吸、心跳停止时，用心肺复苏法支持呼吸和循环。

把触电者接触的那一部分带电设备的所有开关、刀闸或其他断路设备断开，或设法将触电者与带电设备脱离开。在脱离电源过程中，救护人员既要救人，也要注意保护自身的安全。

4.2.4.2 脱离电源的方法

（1）低压触电事故：

1）如果触电事故地点附近有电源开关或电源插销，可立即拉开开关或拔出插销，断开电源。

2）如果触电地点附近没有电源开关或电源插销，可用有绝缘柄的电工钳或有干燥木柄的斧头切断电线，断开电源，或用干木板等绝缘物插入触电者身下，以使其脱离电源。

3）当电线搭落在触电者身上或压在身下时，可用干燥的衣服、手套、绳索、木板、木棒等绝缘物作为工具，拉开触电者或挑开电线，使触电者脱离电源。

4）如果触电者的衣服是干燥的，又没有紧缠在身上，可以用一只手抓住他的衣服，拉离电源。但因触电者的身体是带电的，其鞋的绝缘也可能遭到破坏，救护人员不得接触触电者的皮肤，也不能抓住他的鞋。

5）如触电发生在低压带电的架空线路上或配电台架、进户线上，对可立即切断电源的则应迅速断开电源，救护者迅速登杆或登至可靠的地方，并做好自身防触电、防坠落安全措施，用带有绝缘胶柄的钢丝钳、绝缘物体或干燥不导电物体等工具将触电者脱离电源。

（2）高压触电事故：

1）立即通知供电的有关单位或部门停电。

2）戴上绝缘手套，穿上绝缘靴，用相应电压等级的绝缘工具按顺序拉开电源开关或熔断器。

3）抛掷裸金属线使线路短路接地，迫使保护装置动作，断开电源。注意抛掷金属线之前，先将金属线的一端固定可靠接地，然后另一端系上重物抛掷，注意抛掷的一端不可触及触电者和其他人。另外，抛掷者抛出后，要迅速躲离接地的金属线 8m 以外，防止跨步电压伤人。在抛掷短路线时，应注意防止电弧伤人或断线危及人员安全。

4.2.4.3　现场就地急救措施

触电者脱离电源以后，现场救护人员应迅速对症抢救，并设法联系医疗部门的医生到现场接替救治。要根据触电伤员的不同情况，采用不同的急救方法。

（1）触电者神志清醒、有意识，心脏跳动，但呼吸急促、面色苍白，或曾一度昏迷、但未失去知觉。此时不能用心肺复苏法抢救，如用心脏按压法抢救，会加重心脏压力而产生严重后果，应将触电者抬到空气新鲜，通风良好地方躺平，安静休息 1～2h，让他慢慢恢复正常。天凉时要注意保温，并随时观察呼吸、脉搏变化。

（2）触电者神志不清，判断意识无，有心跳，但呼吸停止或极微弱时，应立即用仰头抬颏法，使气道开放，并进行口对口人工呼吸。这时是最容易抢救成功的时间和机会，但应切记不能对触电者实行心脏按压。

（3）触电者神志丧失，判定意识无，心跳停止，但有极微弱的呼吸时，应立即施行心肺复苏法抢救。不能认为尚有微弱呼吸，只需做胸外按压，因为这种微弱呼吸已起不到人体需要的氧交换作用，如不及时人工呼吸即会发生死亡。若能立即施行口对口人工呼吸法和胸外按压，就能抢救成功。

（4）触电者心跳、呼吸停止时，应立即进行心肺复苏法抢救，不得延误或中断。

（5）触电者和雷击伤者心跳、呼吸停止，并伴有其他外伤时，应先迅速进行心肺复苏急救，然后再处理外伤。

（6）发现构架上或高处有人触电，要争取时间及早在构架上或高处开始抢救。触电者脱离电源后，应迅速将伤员扶卧在救护人的安全带上，然后根据伤者的意识、呼吸及颈动脉情况进行前 5 项不同方式的急救。高处抢救触电者，迅速判断其意识和呼吸是否存在是十分重要的。若呼吸已停止，开放气道立即口对口（鼻）呼气 2 次；再测试颈动脉，如有搏动，则每 5s 继续吹气 1 次；若颈动脉无搏动，可用空心拳叩击心前区 2 次，促使心脏复跳。若需将伤员送至地面抢救，应口对口（鼻）吹气 4 次，然后立即用绳索迅速将伤员送至地面，并继续按心肺复苏法坚持抢救。

4.2.5　机械设备事故现场应急处置方案

4.2.5.1　基本原则：发生机械设备事故后，应先救人，再行抢救设备。

4.2.5.2　应急处置措施

（1）起重伤害应急处置措施：

1）发生起重伤害事故要迅速切断电源，疏散人群，快速巡视现场及周边情况，如有人被埋压现场，应迅速用千斤顶、手拉葫芦等进行抢救，以防二次伤害和触电。保护好现场。

2）吊臂碰到带电设备时，任何人不能靠近起重机，更不能用手去摸吊具和索具，由于司机处于金属外壳形成的屏蔽之中，不会发生触电事故。这时司机应将吊臂脱离输电线路；如不能脱离，司机也不能随便下地，应等待有关人员将电源切断后再下地。如果现场无法切断电源，司机应双足跳下，并且继续用双足跳跃直到跳出危险地区为止，防止由于跨步电压造成触电事故。

（2）机械伤害应急处置措施：

1）迅速确定事故发生的准确位置、可能波及的范围、设备损坏的程度、人员伤亡等情况，以根据不同情况进行处置。

2）划出事故特定区域，非救援人员、未经允许不得进入特定区域。迅速核实机械上作业人数，如有人员被压在倒塌的设备下面，要立即采取可靠措施加固四周，然后拆除或切割压住伤者的杆件，将伤员移出。

3）发生机械伤害时，应先切断电源，再根据伤害部位和伤害性质进行处理。

4.2.6　食物中毒施工现场应急处置方案

4.2.6.1　基本原则

应按照救人优先的原则，迅速将中毒人员送往人民医院救治，以免由于时间的耽搁对中毒人员的生命造成威胁。在此基础上，尽快查明中毒原因，防止中毒事故造成更多人员的伤害。

4.2.6.2　应急处置措施

（1）当中毒发生后，事故发现第一人应立即大声呼救，呼叫附近人员保护事故现场，并及时报告现场应急工作组。现场应急工作组获得求救信息并确认中毒事故发生以后，应及时了解中毒初步原因、范围、估计后果。

（2）如中毒严重，立即向人民医院电话求援。描述中毒人员症状、持续时间、人数、地点，并引导急救车到达现场。

（3）组织医疗救护组对中毒病人进行简单急救，配合急救医院救护医务人员对中毒病人做进一步的急救，并护送病人住院治疗。如果患者昏迷则需侧躺送医院救治，以免自然呕吐时，将呕吐物吸入气管里面。不可口对口人工呼吸，以免将毒物吸入施救者体内造成中毒。

（4）保护事故现场，封存食堂剩余食物，如有呕吐物，应用干净塑料袋等容器封存，供卫生防疫部门化验。

（5）病人病情稳定以后，对中毒事件进行调查并记录。

4.2.7　环境污染事件现场应急处置方案

4.2.7.1　基本原则

防止有毒、有害物泄漏和避免事件扩大是环境污染事件应急处置的原则。

4.2.7.2　应急准备

（1）现场应急小组人员应参加公司进行培训，内容包括有毒、有害物质泄漏的人员急救及现场处理要求，对全体施工人员进行防泄漏的安全宣传教育。

（2）存在意外泄漏的场所（设备）应配备进行有毒、有害物质泄漏处理相应的应急物资和防护用品，并保持应急物资和防护用品使用的有效性。

4.2.7.3 应急处置措施

（1）现场人员应迅速使用吸附剂、中和剂、黄沙等阻止污染物的蔓延。

（2）现场应急人员应查明（寻找）泄漏源，采取切断（或隔离、控制）等方法，防止事故扩大。

（3）如果采取的措施不足以控制事故扩大时应向上级领导或单位行政（保卫）部门报告，事态严重时，及时向外部救援机构报警求援。

（4）妥善处理泄漏物，把收集的泄漏物暂存于收集桶等容器内，并清洁泄漏区域。

（5）把存放在收集桶内的泄漏物转移到允许的地方处理，或移交上级部门进行处理。

4.2.8 自然灾害现场应急处置方案

4.2.8.1 基本原则

本工程属于台风高发地区，防台、防洪（防山体滑坡、防泥石流）、防雷是本工程应对突发恶劣天气的主要工作。以人为本，最大程度减少突发恶劣天气造成的人员伤亡和各类危害是应急处置的基本原则。

4.2.8.2 应急处置措施

（1）防台、防洪（防山体滑坡、防泥石流）应急处置措施。

1）当气象台或上级防汛防台指挥发布台风或连续特大暴雨警报时，现场应急领导小组下发通知，各应急机构小组立即到岗值班，根据各自的职责分工迅速开展工作，密切关注台风及特大暴雨进展动态，向全体员工传达，做好思想准备。应急领导小组成员保证联系畅通，并严格执行24h值班制度。

2）各施工抢险小组集结，并执行昼夜值班制度。任何施工班组和个人都有参加防汛抗台应急活动的义务，台风期间要执行命令，不得擅离职守，由应急工作组根据台风及特大暴雨警报情况决定是否暂停露天巡检工作。

3）开始计划、调拨各类防灾、救灾物资、设备，并要求在指定时间到达指定位置。抗台防汛物资主要有以下材料：“三防”油布、雨具、应急照明灯、排水泵、车辆等。

4）根据台风警报的风力及暴雨等级，现场应急领导小组决定应急抢险救灾的行动方案进入准备启动状态。

5）加强所内外的治安巡逻，根据台风警报的风力及暴雨等级大小和灾害损失估计，以及对建构筑物的抗台风能力的估计，由应急工作组决定是否对处于台风威胁下的施工人员发出撤离危险建（构）筑物，采取避灾措施的通知，在紧急情况下，组织职工疏散到安全建筑物内。

6）及时向上级主管部门汇报工程防台、防洪（防山体滑坡、防泥石流）救灾准备情况并请上级应急领导小组对重大防台、防洪（防山体滑坡、防泥石流）救灾措施予以协调指导。

7）做好上述工作后，由应急工作组组长牵头，组织项目部有关人员对现场所做安全措施以及物资准备情况进行全面检查，对于发现的问题，无条件立即整改。

（2）防雷应急处置措施。

1）空旷地带应注意：

a. 切勿站立于山顶，切勿接近导电性高的物体。

b. 无法躲入有防雷设施的建筑物内时，应远离树木、烟囱、高大的金属物体、电线杆、桅杆、避雷针等尖耸物体。

c. 不宜进入棚屋、岗亭等无防雷设施的建筑物，金属棚是可以的，但要注意与建筑物的柱子保持一段距离，并且双脚并拢。

d. 不宜快速骑自行车赶路。

e. 不应打伞（金属柄）。

f. 雷击时避雨切忌狂奔，因为步子大了跨步电压就大，容易伤人。

g. 避雷时应将身上携带的金属物件摘下，放在几米距离外。

h. 室外不宜使用通信电器（手机、无线电话、报话机等），应关闭电源。

i. 无法找到适宜躲避的地点，人员应立即双膝下蹲，向前弯曲，双手抱膝。

2）现场作业应注意：

a. 在室外工作的人员应躲入建筑物内。

b. 雷雨天气禁止上高和线上作业。

c. 打雷时，未及时撤离现场的施工人员与铁塔保持一定的距离。

3）在室内或建筑物内应注意：

a. 不应站在屋檐下，应进入建筑物。

b. 在室内人员，应关好门窗，防止侧击雷和滚雷的侵入。

c. 切勿接触天线、水管、铁丝网、金属门窗、建筑物外墙，远离电线等带电设备或其他类似金属装置。

d. 不宜接近建筑物的裸露金属物。

e. 室内开灯应避免站立在灯头线下。

f. 不宜使用无防雷措施或防雷措施不足的电视、音响、电扇等电器。

g. 不应使用淋浴器洗澡，雷电流可通过水流传导而致人伤亡。

h. 电话机、电视机、传真机、电脑等电源入口处安装避雷器。

4）其他：

a. 切勿游泳或从事其他水上运动，离开水面、水陆交界以及其他空旷场地，寻找有防雷设施的地方躲避。

b. 每天收听气象预报，得知当天或第二天的气象信息，做好必要的准备工作。

c. 万一发生不幸的雷击事件，同行者要及时报警求救，同时为伤员做人工呼吸和体外心脏按压。

4.2.9 急性传染病现场应急处置方案

4.2.9.1 编制目的

保障施工现场员工健康安全，维护公司稳定局面，迅速、有序、高效地处理好职工因流行性传染病引起的群发性健康伤害事故，建立健全应对群发性健康伤害事故应急机制，提高应对群发性健康伤害事故能力，有效预防、及时控制和消除群发性健康伤害事故及其危害。

4.2.9.2 适用范围：适用于本工程工作及施工区域内突然发生，造成或者可能造成社会公众身心健康严重损害的重大传染病、群体性不明原因疾病的公共卫生事件的应急处置工作。

4.2.9.3 基本原则：预防为主，常备不懈；迅速隔离传染病病人或疑是病人，快速反应。确保迅速、有效控制事态发展，稳定人员。

4.2.9.4 应急处置措施：急性传染病事故发生后，现场应急工作组应在事发后15min内启动先期处置机制，30min内有关人员赶赴现场开展警戒、疏散人员，控制事态发展，组织开展应急救援等基础处置工作，对初步判定属于急性传染病事件的，应在事发后30min内分别向当地政府应急管理办公室、区卫生局和上级主管单位报告。

根据急性传染病处置需要，现场应急工作组及时调集各类人员、物资、交通工具和相关设施、设备参加应急处置工作。涉及危险化学品管理和运输安全的，有关部门要严格执行相关规定，防止事态扩大化。

（1）划定控制区域：甲类、乙类传染病暴发、流行时，按照当地政府宣布疫区范围；对工作施工及生活区域内甲类传染病疫区实施封锁。

（2）疫情控制措施：疫情发生后，现场应急工作组依法在本施工及生活区域内采取限制或者停止施工、会议以及其他人群聚集的活动；封存致毒材料、设备和工具等紧急措施。

（3）流动人口管理：对流动人口采取预防工作，落实控制措施，对传染病病人、疑似病人报告当地医疗机构，采取就地隔离、就地观察、就地治疗的措施，对密切接触者按照当地医疗机构规定，采取集中医学观察。

（4）信息发布：急性传染病事故发生后，现场应急工作组按上级单位或当地政府卫生管理部门批准和规定，发布疫情信息，做到准确把握，实事求是，正确引导舆论，注重社会效果，消除公众心理障碍，开展心理危机干预工作。

（5）开展群防群治：现场应急工作组协助卫生行政部门、医疗机构，做好疫情信息的收集、报告、人员分散隔离及公共卫生措施的实施工作。

积极配合急性传染病事故的调查与处理。根据需要配合应急疫苗接种、预防服药等应急控制措施。

4.2.10　群体突发事件现场应急处置方案

4.2.10.1　基本原则

处置群体性事件总体要求是：发现得早，化解得了，控制得住，处置得好。遵循以下基本原则：

（1）统一领导，分级负责。按“谁主管、谁负责”的原则，落实岗位责任制，由引发事件的相关公司或部门在公司直接指挥下负责问题的应急处置和妥善解决。

（2）预防为主、防患未然。坚持预防为主的工作方针，正确处理改革、发展、稳定的关系，在充分考虑群众利益、取得群众理解和支持的基础上，制定和出台各项政策措施；加强并规范信访工作，从源头上防止涉及群众切身利益的群体性突发事件发生；建立健全稳定预警工作机制，做到早发现、早报告、早控制、早解决，将事件控制在萌芽阶段，及时消除诱发大规模群体性事件的各种因素。

（3）依法处置，防止激化。坚持依法行政、依法处置，注意工作方法和策略，综合运用法律、经济、行政等手段和宣传、协商、调解等方法处置群体性突发事件，加强对群众的说服教育，引导群众以理性、合法的方式表达利益诉求，解决矛盾，防止矛盾激化和事态扩大。

（4）快速反应，相互配合。群体性突发事件发生后，及时启动应急预案，严格落实应急处置工作责任制，各有关公司、部门要及时给予配合和支持，要相互协作、相互配合，并确保信息收集、情况报告、指挥处置等各环节的紧密衔接，在最短的时间内控制事态；对发生暴力行为、严重损害社会治安秩序、危害公共安全的群体性事件，要及时、果断采取措施，坚决制止违法行为，尽快平息事态。

（5）加强教育，正确引导。预防和处置群体性事件，要将法制宣传、教育疏导工作贯穿事件处置的整个过程；教育群众遵守法律法规，依法维护自身合法权益，通过合法、正当渠道和方式反映问题。

（6）连续性与阶段性相结合。事前处置做到信息反应灵敏，事中处置做到依法、及时、稳妥，事后处置做到精确处理，追踪掌控。

4.2.10.2 现场应急处置

凡出现涉及发生群体性突发事件苗头或群体性事件尚处在酝酿过程中的，由直接涉事公司或部门负责人出面做好化解疏导工作，听取群众意见和要求，能够解决的要明确答复群众；不能解决的，要说明原因，讲清道理，并做好思想教育和法制宣传工作，化解矛盾，避免事态扩大。同时，要将工作情况及时上报应急工作组，并准备好处置预案。

凡群体性事件发生后，涉及公司或部门的负责人在接到应急办通知后15min内到达现场指挥、处置，要及时向公安部门报警争取得到迅速有力支持，并积极配合、协助公安部门对现场的协调和秩序维护，保全现场公共财产，现场接访对话由应急工作组和涉及公司或部门负责。

尽快控制事态的发展：负责现场处置工作的工作人员应诚恳听取群众代表的意见和要求，面对面地做群众的工作，对群众提出的要求，符合法律法规和政策规定的，当场表明解决问题的态度；无法当场明确表态解决的，责成涉事公司或部门限期研究解决；对确因决策失误或者工作不力而侵害群众利益的，据实向群众讲明情况，公开承认失误，尽快予以纠正；对群众提出的不合理要求，讲清道理，耐心细致地做好政策宣传解释和说服教育工作。稳定群众情绪，及时疏导化解矛盾和冲突，控制事态发展。查明挑头人或组织者，现场处置负责人要亲自与其谈话，表明态度，进行思想工作和法制教育。对煽动群众闹事、散布谣言的，由公安机关依法予以训诫，视现场情况强行将其带离，并及时收集证据，为事后处理做准备。

4.2.10.3　善后工作：群体性事件现场事态平息后，对已经承诺解决的问题，必须尽快解决到位，不得搞虚假承诺或者久拖不决；对法律法规和政策有明确规定而没有落实到位的，应急办要加强监督检查，督促有关单位或部门加以落实；对群众因不了解有关规定而存在误解的，要说明真相，做好深入细致的思想工作和法制教育工作；对有关规定不够完善的，及时修改完善。坚决避免违背承诺、失信于民，重新引发群体性事件。

4.2.10.4　防范预警：定期开展不稳定因素的排查、调处、化解，及时发现和掌握可能引发群体性事件的苗头性、倾向性问题；要严格落实责任制，全力及时化解，切实将不稳定因素解决在基层、解决在萌芽状态；要高度重视群众反映强烈的热点、难点问题，认真听取群众的意见，并依法按政策研究解决群众反映的问题。

对存在不稳定因素的方面要落实责任公司或部门、责任人，提出及时化解、消除隐患的工作要求，并加以督促，切实做到责任不落实不放过，工作不到位不放过，隐患不排除不放过，限期解决问题，消除隐患。

对不稳定因素进行定期分析、研究处置对策，制定有针对性的处置预案，做到预防在先，防止和减少群体性突发性事件。

4.3　报警电话及应急救援联络方式

应急工作组组长：

应急工作组副组长：

急救中心：120　匪警：110　火警：119　道路交通事故报警：122　天气查询：96121

××市第一人民医院：0579—868569××　××市××路×号

××市××镇卫生院：0579—870810××　××市××镇×号

××市××镇派出所：0579—873550××　××市××镇×国道附近

4.4　事故报告的基本要求和内容

4.4.1　应急报警由应急报警、内部报警、外部报警三部分组成。

（1）报警：发现险情后，现场人员应立即报告项目部主管领导，并在保证自身安全的情况下按照现场处置程序立即开展自救。项目部主管领导接到报警后，应迅速组织救援，并根据事件报告的详细信息，对警情做出判断，初步确定相应的响应级别。根据应急响应级别确定是否上报和是否启动相应应急处置方案，接警时应做好事故的详细情况记录和联系方式等。

（2）内部报警：应急响应级别确定后，相应的应急反应组织按所确定的响应级别启动应急程序，拉响应急反应警报，并通知各相关部门以及事故现场的全体人员进入应急反应状态，应急反应组织进入应急处置方案及应急计划实施状态，并在事故发生后立即上报至公司。

（3）外部报警：内部报警机制启动的同时，按上级应急领导小组的部署，启动外部应急报警机制。

4.4.2 报告内容：

（1）事故发生的时间、地点、单位和联系电话、报告人。

（2）事故发生的简要经过、伤亡人数、直接经济损失的初步估计。

（3）事故发生原因的初步判断。

（4）事故抢救处理情况和已采取的措施。

（5）需要有关部门和单位协助抢救和处理的有关事宜。

4.4.3 报告形式：

（1）信息报告分为基本情况报告和后续情况报告。基本情况报告要快速准确，后续情况报告要系统全面。

（2）信息报送可用电话口头初报，随后报送书面报告，必要时和有条件的可采用音像摄录的形式。

5 注意事项

5.1 佩带个人防护器具方面的注意事项

5.1.1 参加抢险救援前，应正确佩戴好安全帽。

5.1.2 高空作业人员必须佩戴安全带，安全带要高挂低用，防止操作碰撞，并将绳子牢系在坚固的建筑结构上或金属结构架上。

5.2 使用抢险救援器材方面的注意事项

使用前，检查所使用的救援器材是否完好无损，并掌握正确使用方法，随身携带的工器具必须用绳索等系挂在身上，防止掉落伤人。

5.3 采取救援对策或措施方面的注意事项

首先在确保自身安全后，方可参与救援；针对人员受伤部位、伤势严重程度采取不同救援措施，严禁盲目搬运背扛以及不恰当的止血措施。

5.4　现场自救或互救注意事项

5.4.1　受伤人员没有能力摆脱被困环境时，在救援人员没有到达之前，尽量保存自身体力等待救援，在救援人员到来时，尽最大能力进行呼救。

5.4.2　当受伤人员伤势不严重，且有能力摆脱被困环境时，应尽快逃离险境地，并查看周围有无被困人员，同时向救援人员呼救。

5.5　现场应急处置能力确认和人员安全防护等事项

正确判断事故现场应急处置能力，决不能因怕扩大事故影响，对不能组织抢险自救的，强行组织自救，而不向外部请求救援。

5.6　应急救援结束后的注意事项

5.6.1　应急救援结束后，立即查看事故现场是否还有不安全因素，是否还有被困人员，并采取妥善防范措施。

5.6.2　抢险结束后，对应急预案的整个过程进行评审、分析和总结，找出预案中存在的不足，并进行评审及修订，使以后的应急预案更加适用。

5.7　其他需要特别警示的事项

接受新闻媒体采访和对外信息发布时，必须经应急救援指挥部指定的专人负责，其他人员不得随意接受采访，发布信息，更不能夸大事实。

附件 1　应急联系方式

急救中心：120　匪警：110　火警：119 道路交通事故报警：122 天气查询：96121

××市第一人民医院：0579—868569××

××市××镇派出所：0579—873550××

××市防疫站电话：0579—871825××

现场应急工作组：

组　长：

副组长：

成　员：

应急救援组：

组　长：

副组长：

成　员：

医疗救助组：

组　长：

成　员：

技术保障组：

组　长：

成　员：

保卫疏导组：

组　长：

成　员：

物资供应组：

组　长：

成　员：

现场应急工作组：

组　长：

副组长：

成　员：

附件 2　现场生产安全事故应急资源装备表

序号	名称	存放地点	数量
1	对讲机	项目仓库	2 只
2	传真机	项目部	1 台
3	安全帽	项目仓库	20 顶
4	雨衣	项目仓库	10 套
5	雨靴	项目仓库	15 双
6	应急灯、手电筒	项目仓库	10 只
7	排水泵	项目仓库	2 只
8	拖线盘	项目仓库	6 只
9	简易担架	项目仓库	1 付
10	急救包（药棉、纱布、绷带、创可贴等）	项目部	1 只
11	急救车（工程抢险车）	集中办公区	1 辆
12	编织袋	项目仓库	30 只

附件 3　现场急救路线图

现场急救路线示例图如图 3 所示。

图 3　现场急救路线示例图